学ぶ人は、
変えて
ゆく人だ。

目の前にある問題はもちろん、

人生の問いや、社会の課題を自ら見つけ、

挑み続けるために、人は学ぶ。

「学び」で、少しずつ世界は変えてゆける。

いつでも、どこでも、誰でも、

学ぶことができる世の中へ。

旺文社

このドリルの特長と使い方

このドリルは，「苦手をつくらない」ことを目的としたドリルです。単元ごとに「問題の解き方を理解するページ」と「くりかえし練習するページ」をもうけて，段階的に問題の解き方を学ぶことができます。

① 

問題の解き方を理解するページです。問題の解き方のヒントが載っていますので，これにそって問題の解き方を学習しましょう。
大事な用語は 覚えよう！ として載せています。

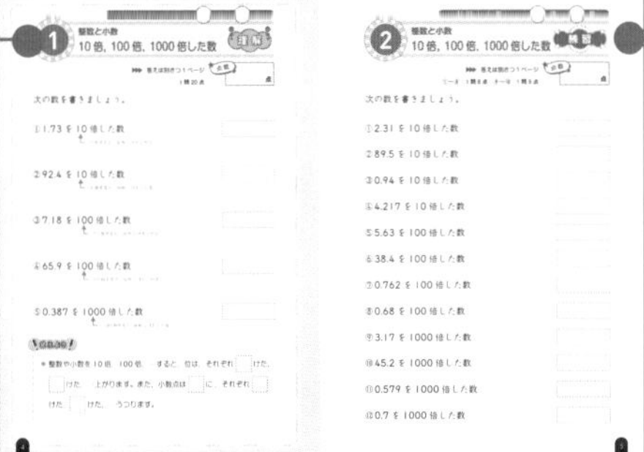

② 練習

「理解」で学習したことを身につけるために，くりかえし練習するページです。「理解」で学習したことを思い出しながら問題を解いていきましょう。

③ ◈チャレンジ◈

間違えやすい問題は，別に単元を設けています。こちらも「理解」→「練習」と段階をふんでいますので，重点的に学習することができます。

もくじ

編集／鈴木明香　編集協力／有限会社マイプラン 今井康二　校正／株式会社ぷれす　装丁デザイン／株式会社ウエイド 木下春圭
装丁イラスト／株式会社ウエイド 関和之　本文デザイン／ハイ制作室 若林千秋　本文イラスト／西村博子

5年生 達成表 算数名人への道！

ドリルが終わったら、番号のところに日付と点数を書いて、グラフをかこう。
80点を超えたら合格だ！まとめのページは全問正解で合格だよ！

	日付	点数	50点 / 合格ライン80点 / 100点	合格チェック
例	4/2	90		○
1				
2				
3				
4				
5				
6				
7				
8				
9				
10				
11				
12				
13		全問正解で合格！		
14				
15				
16				
17				
18				
19				
20				
21				
22				
23				

	日付	点数	50点 / 合格ライン80点 / 100点	合格チェック
24				
25				
26				
27				
28				
29				
30				
31				
32				
33				
34				
35				
36				
37				
38				
39				
40				
41				
42				
43				
44				
45				
46		全問正解で合格！		
47				

この表がうまったら、合格の数をかぞえて右に書こう。

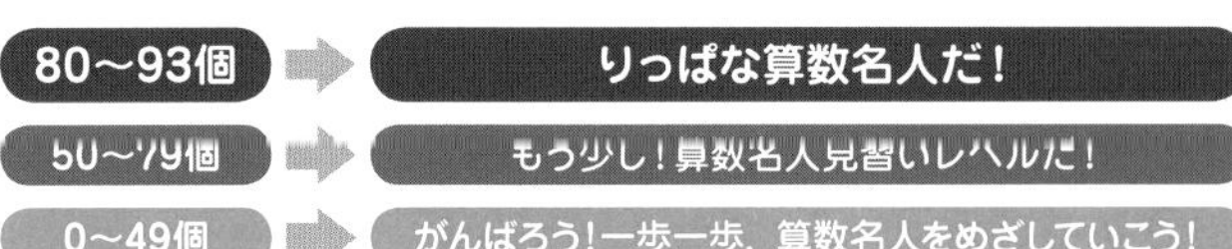

	日付	点数	50点　合格ライン 80点　100点	合格チェック
48				
49				
50				
51				
52				
53				
54				
55				
56				
57				
58				
59		全問正解で合格！		
60				
61				
62				
63				
64				
65				
66				
67				
68				
69				
70				
71				

	日付	点数	50点　合格ライン 80点　100点	合格チェック
72				
73				
74				
75				
76				
77				
78				
79				
80				
81				
82				
83				
84				
85		全問正解で合格！		
86				
87				
88				
89				
90				
91				
92				
93				

整数と小数
10倍，100倍，1000倍した数

▶▶▶ 答えは別さつ1ページ

1問20点　点

次の数を書きましょう。

①1.73を10倍した数

10倍すると，位が1けた上がる。

②92.4を10倍した数

10倍すると，位が1けた上がる。

③7.18を100倍した数

100倍すると，位が2けた上がる。

④65.9を100倍した数

100倍すると，位が2けた上がる。

⑤0.387を1000倍した数

1000倍すると，位が3けた上がる。

覚えよう

● 整数や小数を10倍，100倍，…すると，位は，それぞれ□けた，□けた，…上がります。また，小数点は□に，それぞれ□けた，□けた，…うつります。

勉強した日　月　日

整数と小数

10倍，100倍，1000倍した数

答えは別さつ1ページ

①～⑧：1問8点　⑨～⑫：1問9点

次の数を書きましょう。

①2.31 を 10 倍した数

②89.5 を 10 倍した数

③0.94 を 10 倍した数

④4.217 を 10 倍した数

⑤5.63 を 100 倍した数

⑥38.4 を 100 倍した数

⑦0.762 を 100 倍した数

⑧0.68 を 100 倍した数

⑨3.17 を 1000 倍した数

⑩45.2 を 1000 倍した数

⑪0.579 を 1000 倍した数

⑫0.7 を 1000 倍した数

整数と小数

$\frac{1}{10}$，$\frac{1}{100}$，$\frac{1}{1000}$ の数

▶▶▶ 答えは別さつ１ページ

１問 20 点　　　　点

次の数を書きましょう。

① 26.7 の $\frac{1}{10}$ の数

$\frac{1}{10}$ にすると，位が１けた下がる。

② 6.94 の $\frac{1}{10}$ の数

$\frac{1}{10}$ にすると，位が１けた下がる。

③ 189.5 の $\frac{1}{100}$ の数

$\frac{1}{100}$ にすると，位が２けた下がる。

④ 45.1 の $\frac{1}{100}$ の数

$\frac{1}{100}$ にすると，位が２けた下がる。

⑤ 94.3 の $\frac{1}{1000}$ の数

$\frac{1}{1000}$ にすると，位が３けた下がる。

覚えよう

- 整数や小数を $\frac{1}{10}$，$\frac{1}{100}$，…にすると，位は，それぞれ □ けた，□ けた，…下がります。また，小数点は □ に，それぞれ □ けた，□ けた，…うつります。

整数と小数

$\frac{1}{10}$, $\frac{1}{100}$, $\frac{1}{1000}$ の数

▶▶▶ 答えは別さつ１ページ

1問10点　　点

次の数を書きましょう。

① 84.5 の $\frac{1}{10}$ の数　［　　　］

② 6.24 の $\frac{1}{10}$ の数　［　　　］

③ 0.45 の $\frac{1}{10}$ の数　［　　　］

④ 153.9 の $\frac{1}{100}$ の数　［　　　］

⑤ 83.1 の $\frac{1}{100}$ の数　［　　　］

⑥ 9.08 の $\frac{1}{100}$ の数　［　　　］

⑦ 0.47 の $\frac{1}{100}$ の数　

⑧ 738.5 の $\frac{1}{1000}$ の数　［　　　］

⑨ 41.5 の $\frac{1}{1000}$ の数　

⑩ 3.27 の $\frac{1}{1000}$ の数　

体積

直方体や立方体の体積

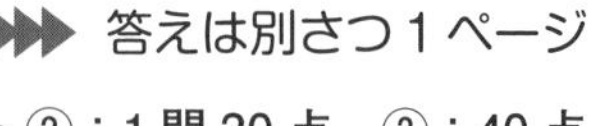

▶▶▶ 答えは別さつ１ページ

点数　　点

①・②：1問30点　③：40点

次の直方体や立方体の体積を求めましょう。

①

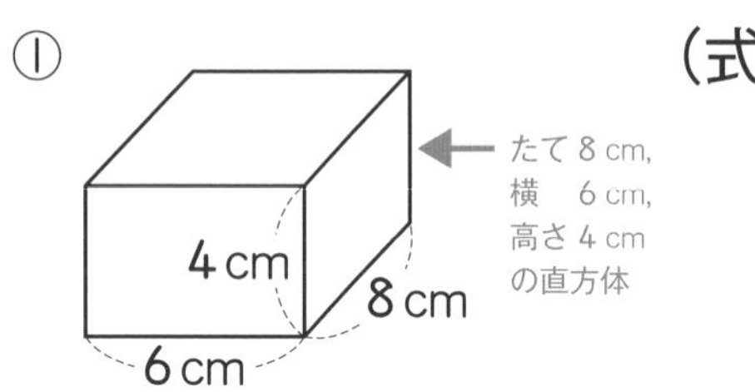

（式）

答え □ cm^3

②

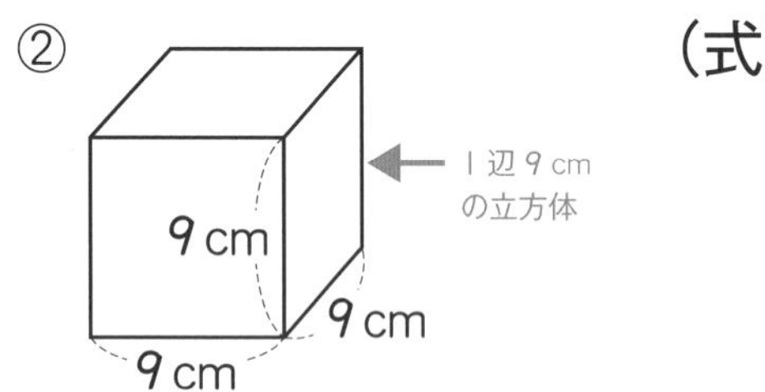

（式）

答え □ cm^3

③

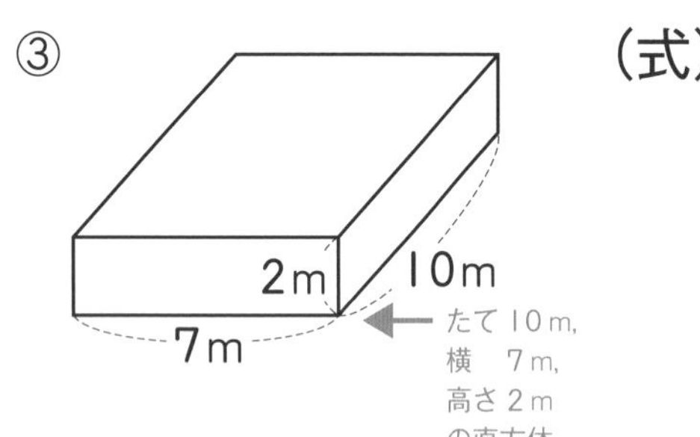

（式）

答え □ m^3

覚えよう！

- 直方体の体積 ＝ □ × □ × □
- 立方体の体積 ＝ □ × □ × □

体積

直方体や立方体の体積

答えは別さつ１ページ

点

1問25点

次の直方体や立方体の体積を求めましょう。

①

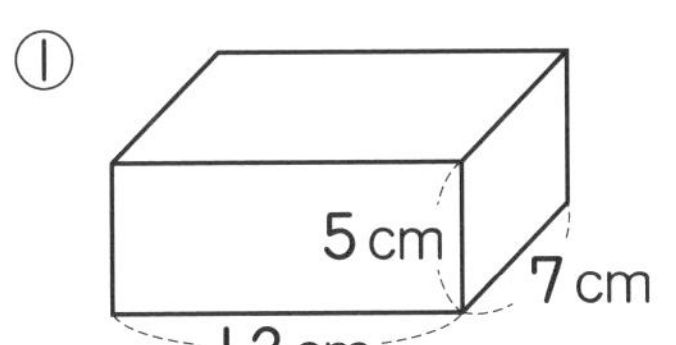

（式）

答え　　　cm^3

②

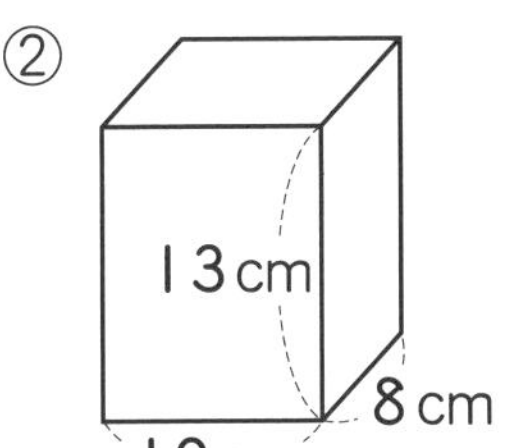

（式）

答え　　　cm^3

③

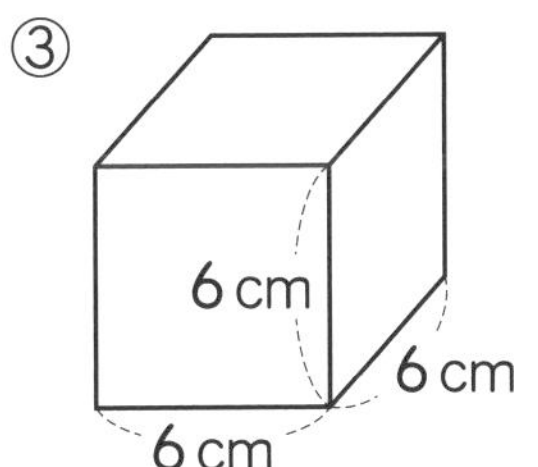

（式）

答え　　　cm^3

④

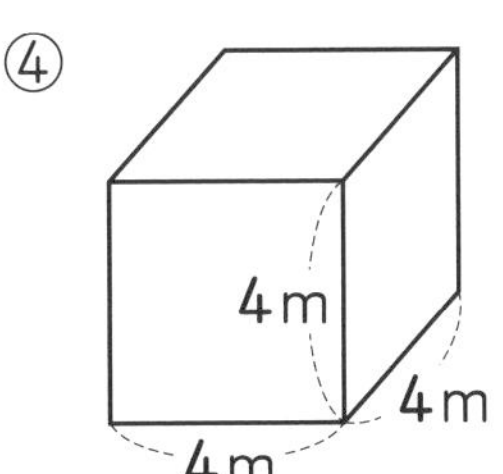

（式）

答え　　　m^3

体積

体積の単位

答えは別さつ1ページ

1問20点　　点

次の□にあてはまる数を書きましょう。

① 2 m^3 ＝ □ cm^3

1 m^3＝1000000 cm^3

② 30 m^3 ＝ □ cm^3

1 m^3＝1000000 cm^3

③ 8 dL ＝ □ cm^3

1 dL＝100 cm^3

④ 4 L ＝ □ cm^3

1 L＝1000 cm^3

⑤ 15 mL ＝ □ cm^3

1 mL＝1 cm^3

覚えよう

1辺の長さ	1 cm	－	10 cm	1 m
正方形の面積	1 cm^2	－	100 cm^2	1 m^2
立方体の体積	1 cm^3 1 mL	100 cm^3 1 □	1000 cm^3 1 □	1 m^3 1 □

体積

体積の単位

答えは別さつ2ページ

1問10点　　点

次の□にあてはまる数を書きましょう。

① 5 m^3 = □ cm^3

② 13 m^3 = □ cm^3

③ 80 m^3 = □ cm^3

④ 7000000 cm^3 = □ m^3

⑤ 18000000 cm^3 = □ m^3

⑥ 6 L = □ cm^3

⑦ 20 dL = □ cm^3

⑧ 50 mL = □ cm^3

⑨ 30 kL = □ m^3

⑩ 400000 cm^3 = □ L

勉強した日　　月　　日

体積

いろいろな立体の体積

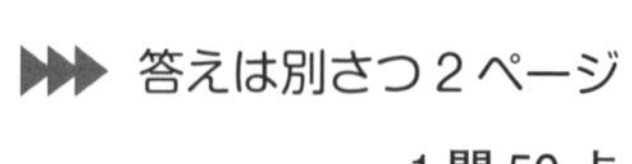

答えは別さつ２ページ

1問50点

下のような立体の体積を，次のような方法で求めましょう。

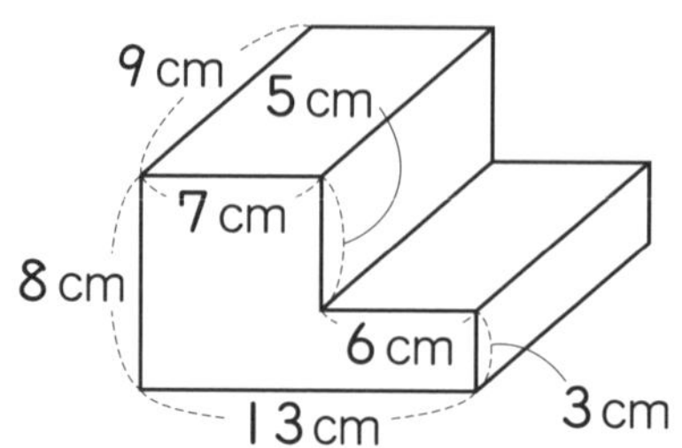

①㋐と㋑の直方体に分けて，２つの直方体の体積をたす。

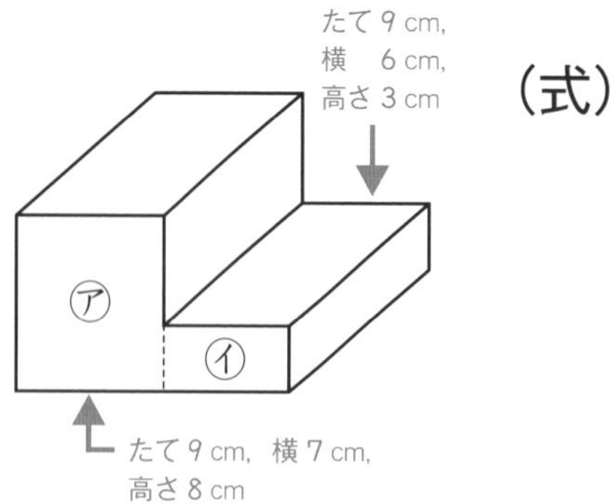

（式）

答え　　　　cm^3

② 大きな直方体㋒の体積から，㋓の直方体の体積をひく。

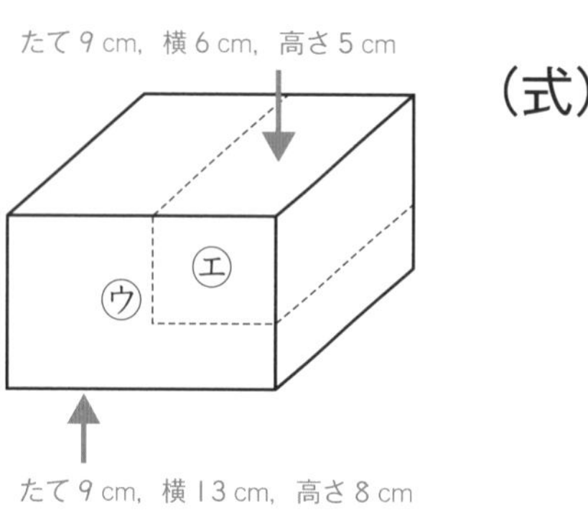

（式）

答え　　　　cm^3

体積

いろいろな立体の体積

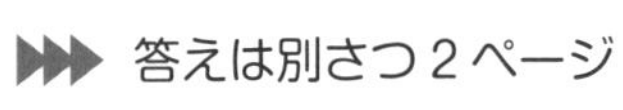

答えは別さつ２ページ

1 問 50 点

点

下のような立体の体積を求めましょう。

①

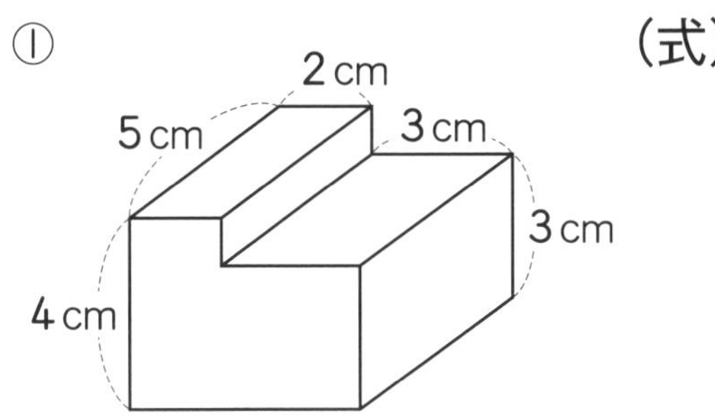

（式）

答え　　　　cm^3

②

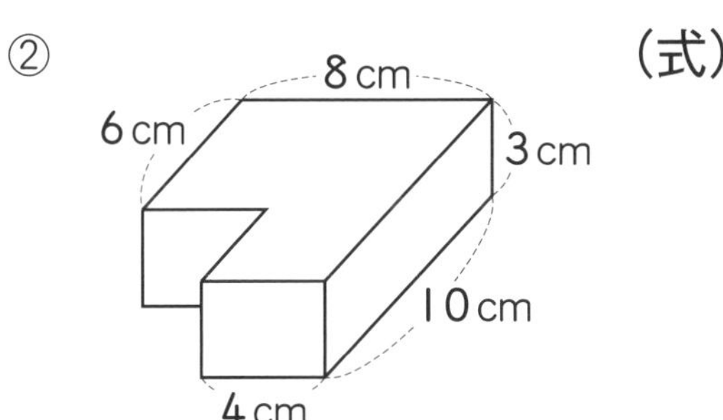

（式）

答え　　　　cm^3

勉強した日　月　日

体積
容積

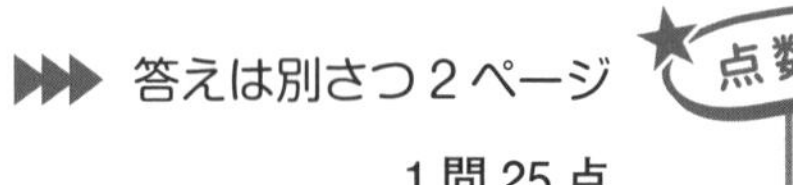

▶▶▶ 答えは別さつ２ページ

点数　　点

1問25点

1 下のような，直方体の形をした入れ物があります。

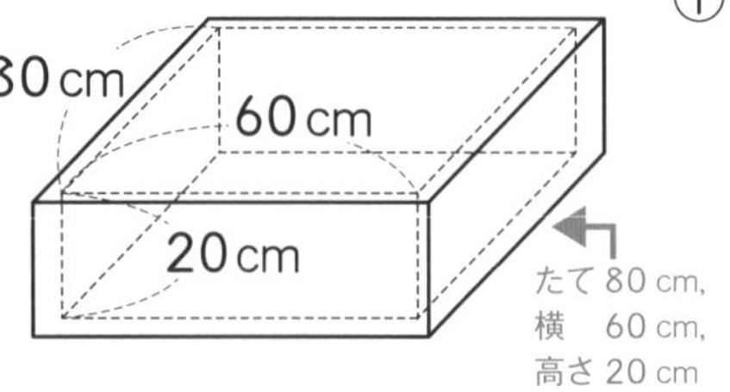

① 容積（ようせき）は何 cm^3 ですか。

（式）

答え $\square$ cm^3

② また，容積は何L ですか。

$1000\ cm^3 = 1\ L$

$\square$ L

2 下のような，直方体の形をした入れ物があります。

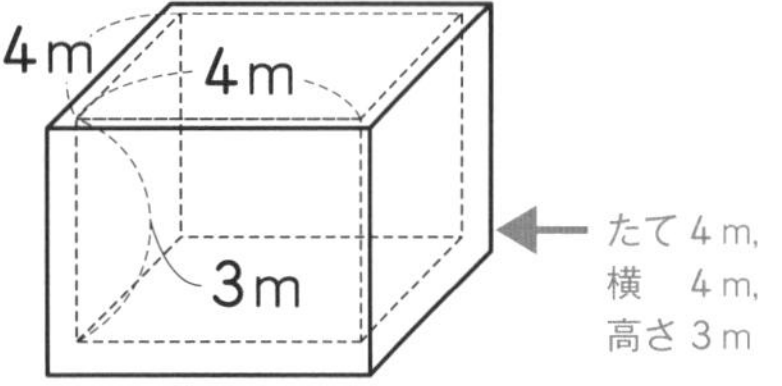

① 容積は何 m^3 ですか。

（式）

答え $\square$ m^3

② また，容積は何L ですか。

$1\ m^3 = 1000\ L$

$\square$ L

覚えよう！

● 入れ物の中にいっぱいに入れた水などの体積を，その入れ物の $\square$ といいます。

12 体積 容積

練習

▶▶▶ 答えは別さつ２ページ

点数　　点

1問25点

1 下のような，直方体の形をした入れ物があります。

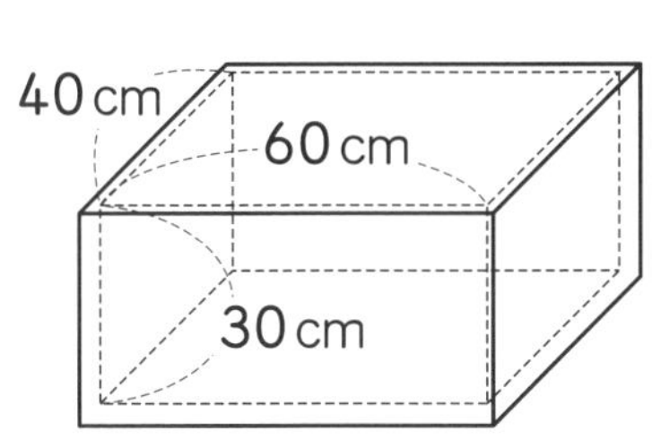

① 容積(ようせき)は何 cm^3 ですか。

（式）

答え　　　cm^3

② また，容積は何Ｌですか。

　　　L

2 下のような，直方体の形をした入れ物があります。

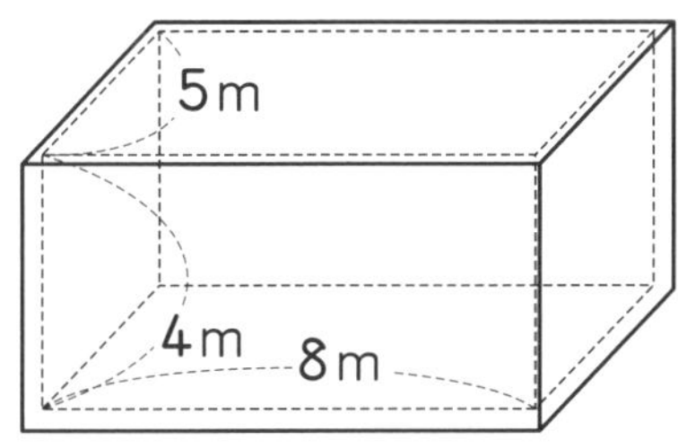

① 容積は何 m^3 ですか。

（式）

答え　　　m^3

② また，容積は何Ｌですか。

　　　L

13 体積のまとめ

暗号パズル

答えは別さつ2ページ

下の直方体や立方体の体積が大きい順に，ひらがなを書いていこう。どんなことばが出てくるかな？

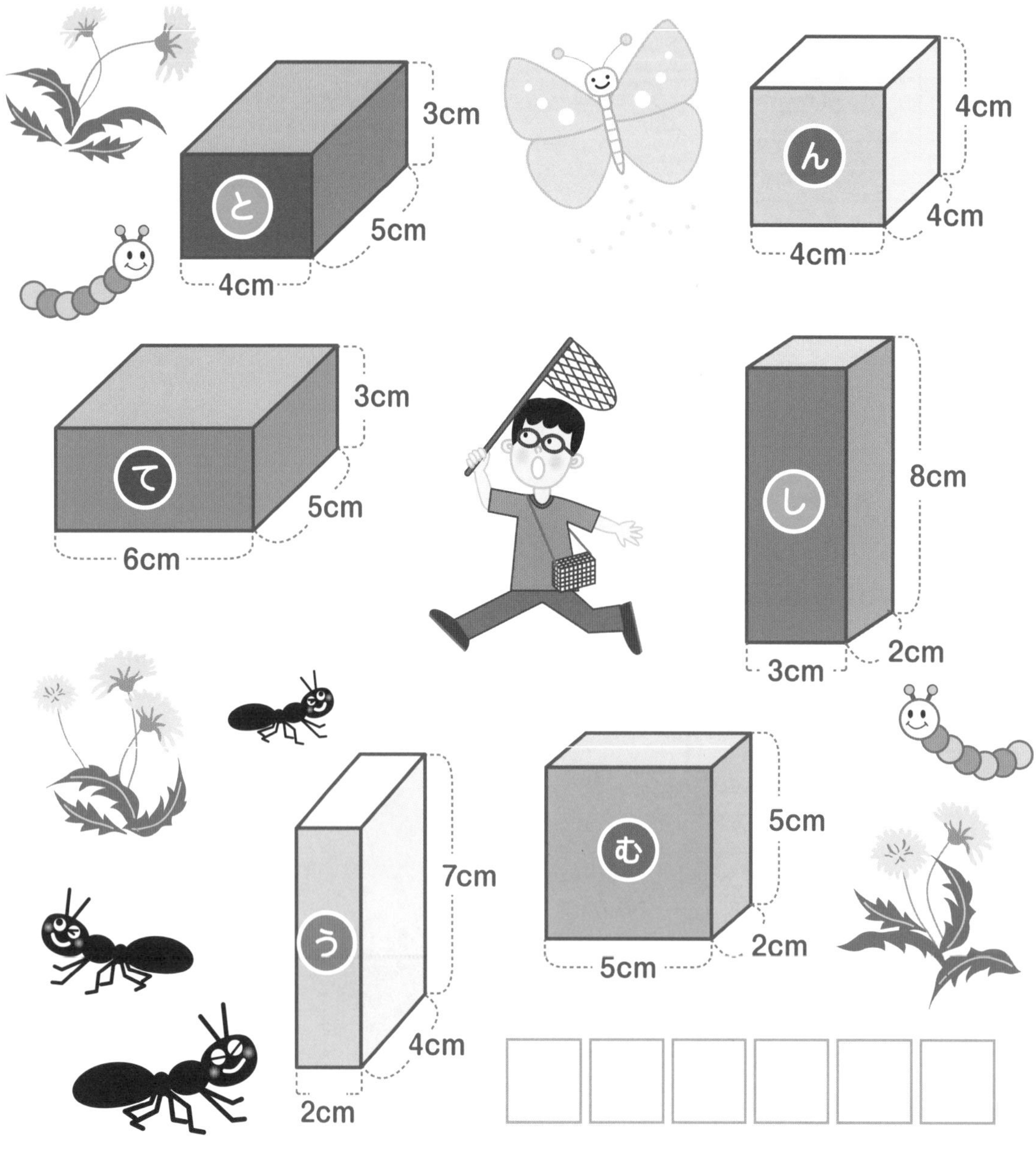

と：3cm、5cm、4cm

ん：4cm、4cm、4cm

て：3cm、5cm、6cm

し：8cm、2cm、3cm

う：7cm、4cm、2cm

む：5cm、2cm、5cm

□□□□□□

比例
比例

答えは別さつ 3 ページ

1 問 25 点

1 水そうに，1 分間に 4 L ずつ水をためていきます。

① 水をためた時間を○分，たまった水の量を△ L として，○と△の関係を表に書きましょう。

○(分)	1	2	3	4	5	
△(L)						

○が 1 ずつふえると，△は 4 ずつふえる。

② ○と△は比例（ひれい）していますか。

○が 2 倍，3 倍，…になると，
△も 2 倍，3 倍，…になるか調べる。

2 長さ 12 cm のろうそくの，もえた長さと残りの長さの関係を調べます。

① もえた長さを○ cm，残りの長さを△ cm として，○と△の関係を表に書きましょう。

○(cm)	1	2	3	4	5	6	
△(cm)							

○が 1 ずつふえると，△は 1 ずつへる。

② ○と△は比例していますか。

○が 2 倍，3 倍，…になると，
△が 2 倍，3 倍，…になるか調べる。

比例

比例

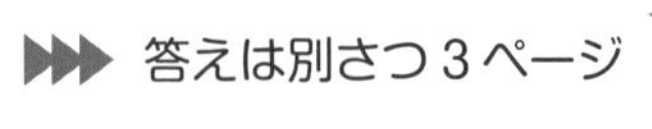
答えは別さつ３ページ

点

1問25点

1 １m 60円のリボンの長さと代金の関係を調べます。

① リボンの長さを○m，代金を△円として，○と△の関係を表に書きましょう。

○(m)	1	2	3	4	5	
△(円)						

② ○と△は比例(ひれい)していますか。

2 50円の消しゴム１個と，１本70円のえん筆を何本か買います。

① 買ったえん筆の本数を○本，代金を△円として，○と△の関係を表に書きましょう。

○(本)	1	2	3	4	5	
△(円)						

② ○と△は比例していますか。

16 合同

合同①

理解

答えは別さつ3ページ

点数　点

1問25点

1 合同な図形を2組見つけましょう。

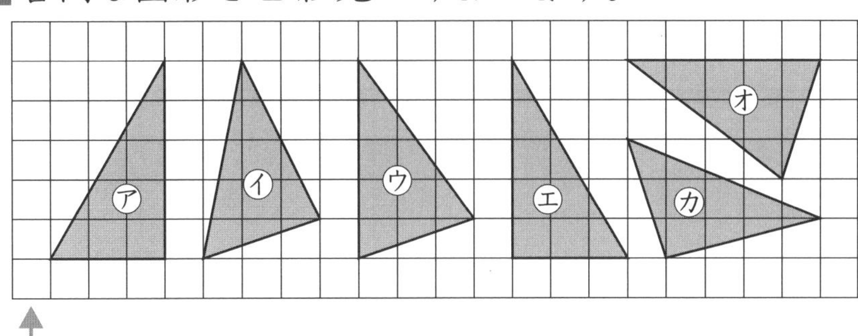

方眼(ほうがん)を使って，㋐，㋒と合同な三角形を見つける。

[ ]と[ ]　[ ]と[ ]

2 合同な図形を2組見つけましょう。

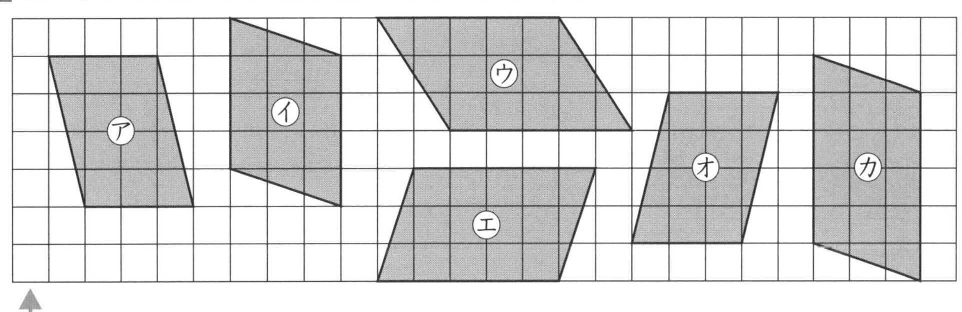

方眼を使って，㋐，㋓と合同な平行四辺形を見つける。

[ ]と[ ]　[ ]と[ ]

覚えよう！

● 2つの図形がぴったり重なるとき，これらの図形は，[ ]であるといいます。

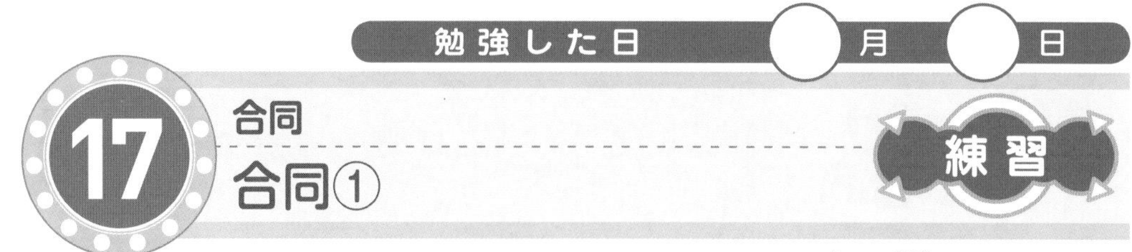

1 合同な図形を２組見つけましょう。

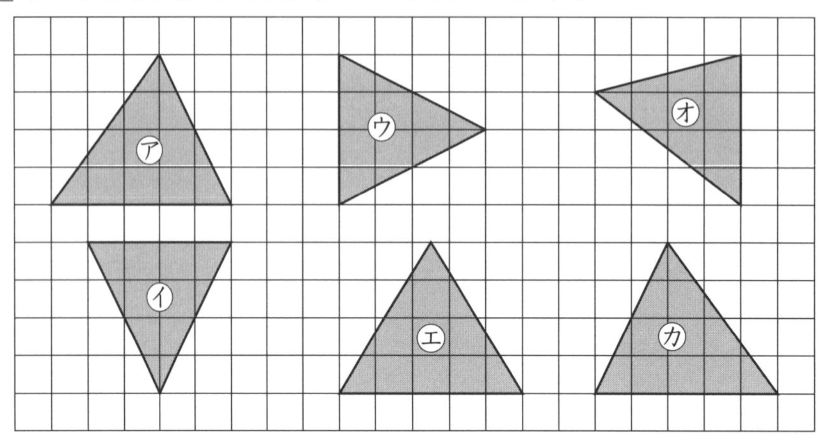

と　　と

2 合同な図形を２組見つけましょう。

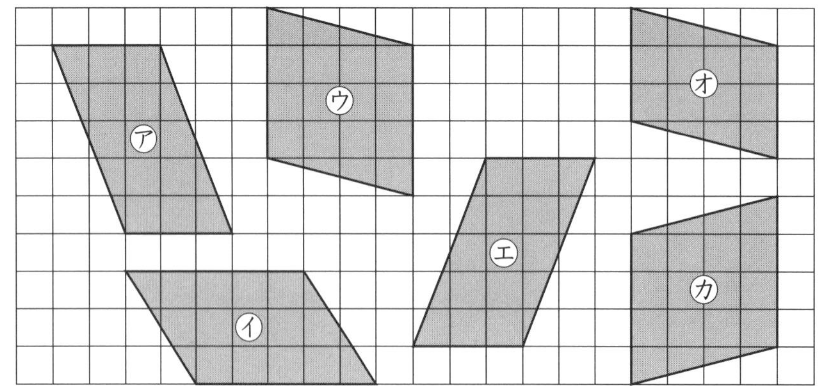

と　　と

18 合同

合同②

理解

▶▶▶ 答えは別さつ 3 ページ

点数　　点

①・②：1 問 30 点　③：40 点

下の㋐，㋑の四角形は合同です。

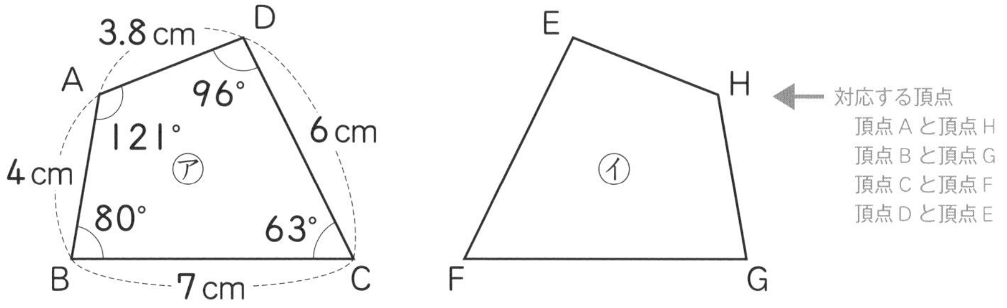

A　D　3.8 cm　96°　121°　4 cm　6 cm　㋐　80°　63°　B　7 cm　C

E　H　㋑　F　G

対応する頂点
頂点 A と頂点 H
頂点 B と頂点 G
頂点 C と頂点 F
頂点 D と頂点 E

① 辺 CD に対応(たいおう)する辺はどれですか。

頂点(ちょうてん) C と頂点 F，頂点 D と頂点 E が対応している。

辺 ［　　　］

② 辺 EH の長さは何 cm ですか。

辺 EH と辺 DA が対応している。

［　　　］ cm

③ 角 G の大きさは何度ですか。

頂点 G と頂点 B が対応している。

［　　　］°

覚えよう

● 合同な図形では，対応する辺の長さは［　　　］。また，対応する角の大きさも［　　　］。

答えは別さつ 3 ページ

1 問 25 点

下の㋐，㋑の四角形は合同です。

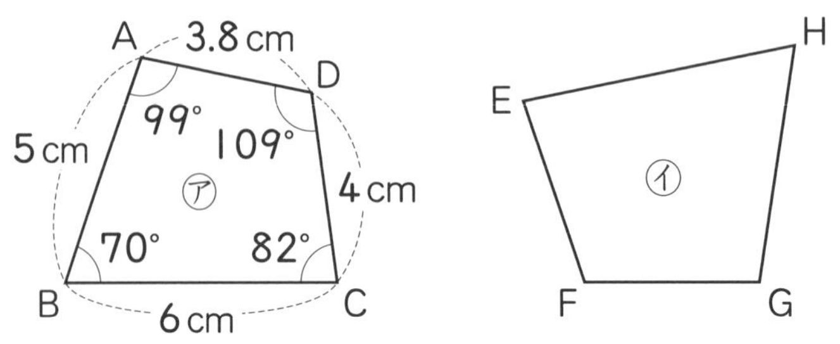

① 辺 AB に対応(たいおう)する辺はどれですか。

辺 [　　　]

② 辺 EF の長さは何 cm ですか。

[　　　] cm

③ 角 G の大きさは何度ですか。

[　　　]°

④ 角 H の大きさは何度ですか。

[　　　]°

合同

合同な図形のかき方

▶▶▶ 答えは別さつ 4 ページ

①・②：1 問 30 点　③：40 点

次のような三角形や四角形と合同な図形をかきましょう。

① 3 つの辺の長さが 5 cm, 4 cm, 3.5 cm の三角形

コンパスで，5 cm，3.5 cm の長さをうつしとってかく。

4 cm

② 2 つの辺の長さが 4 cm と 3 cm, その間の角の大きさが 60°の三角形

60°の角をかき，頂点から 3 cm の点をとる。

4 cm

③

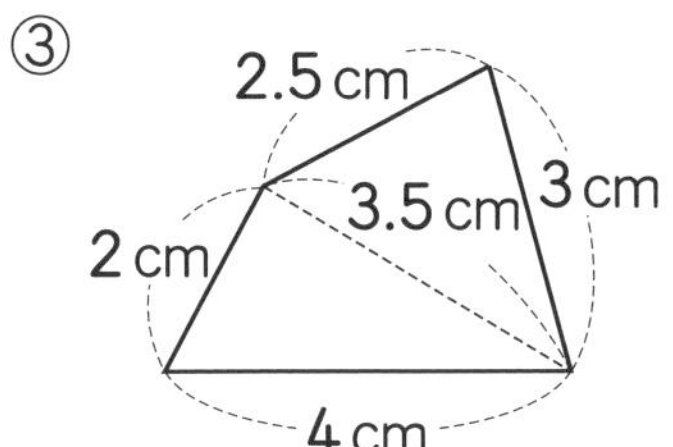

まず，3 つの辺が 2 cm，4 cm，3.5 cm の三角形をかいてから，3.5 cm の辺を使って，残りの 2 つの辺が 2.5 cm，3 cm の三角形をかく。

4 cm

合同
合同な図形のかき方

答えは別さつ4ページ

①・②：1問30点　③：40点

次のような三角形や四角形と合同な図形をかきましょう。

① 2つの辺の長さが5cmと4cm，その間の角の大きさが40°の三角形

5cm

② 1つの辺の長さが4cm，その両はしの角の大きさが50°，65°の三角形

4cm

③ 平行四辺形

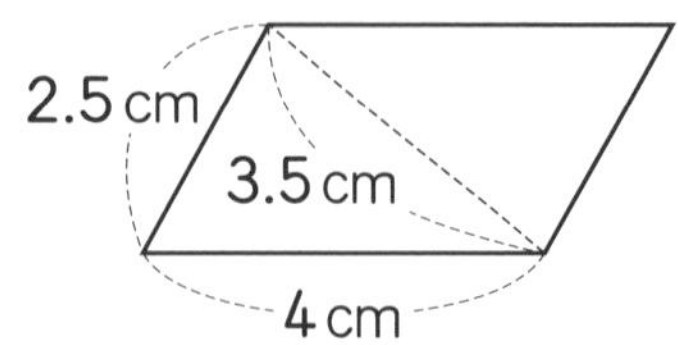

4cm

図形の角

三角形の角

答えは別さつ４ページ

①・②：１問 30 点　③：40 点

下の図のⓐ，ⓘ，ⓤの角の大きさは，それぞれ何度ですか。

①

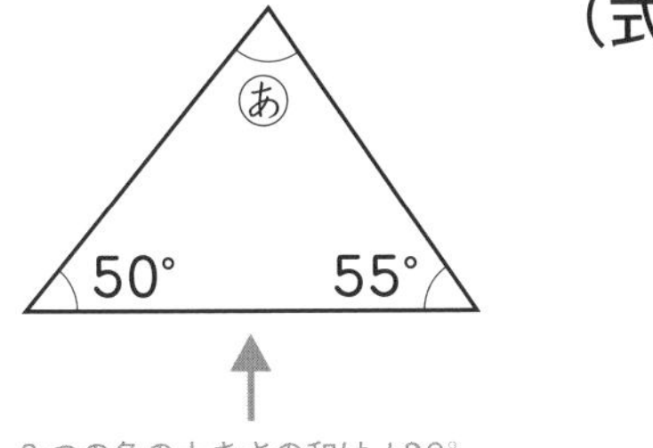

3つの角の大きさの和は 180°。
あ＋50°＋55°＝180°

（式）

答え　　　°

②

35°
120°
い

い＋35°＋120°＝180°

（式）

答え　　　°

③

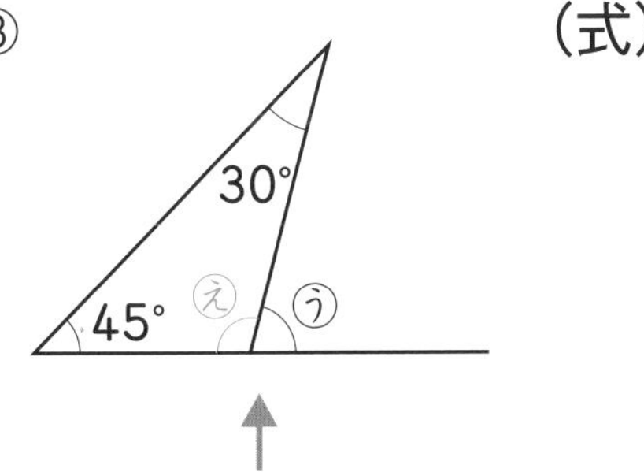

まず，えの角の大きさを求める。
30°＋45°＋え＝180°，う＝180°－え

（式）

答え　　　°

覚えよう！

● 三角形の 3 つの角の大きさの和は　　　°です。

勉強した日　　月　　日

23 図形の角

三角形の角

練習

答えは別さつ4ページ

1問25点

点数　　点

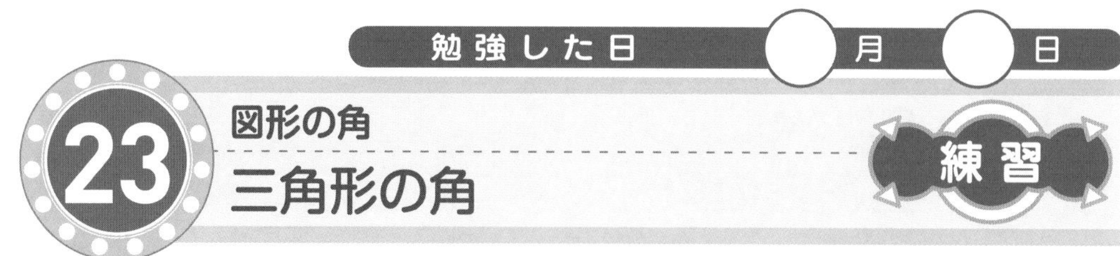

下の図のあ，い，う，えの角の大きさは，それぞれ何度ですか。

①
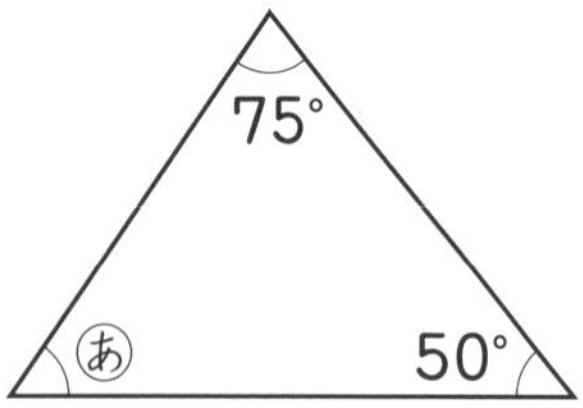

75°
あ
50°

（式）

答え　　°

②
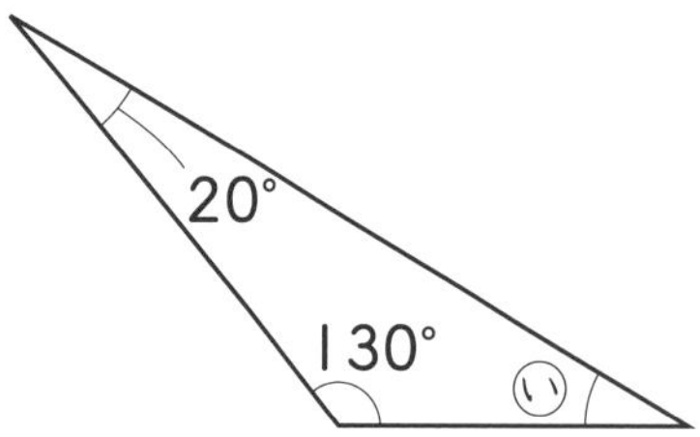

20°
130°
い

（式）

答え　　°

③
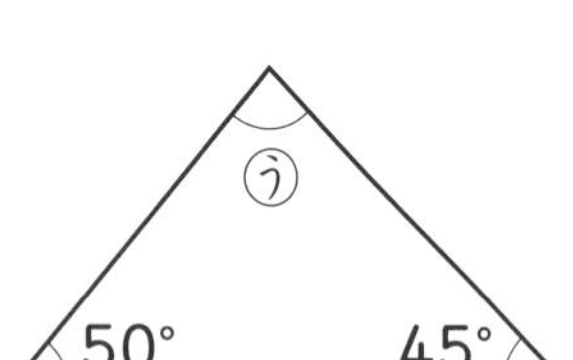

う
50°
45°

（式）

答え　　°

④
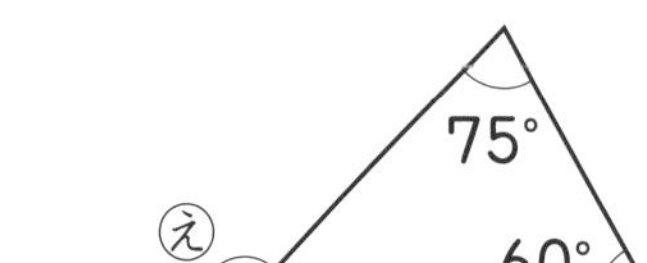

75°
え
60°

（式）

答え　　°

図形の角

四角形の角

▶▶▶ 答えは別さつ４ページ

①・②：1問30点　③：40点

下の図のあ，い，うの角の大きさは，それぞれ何度ですか。

①

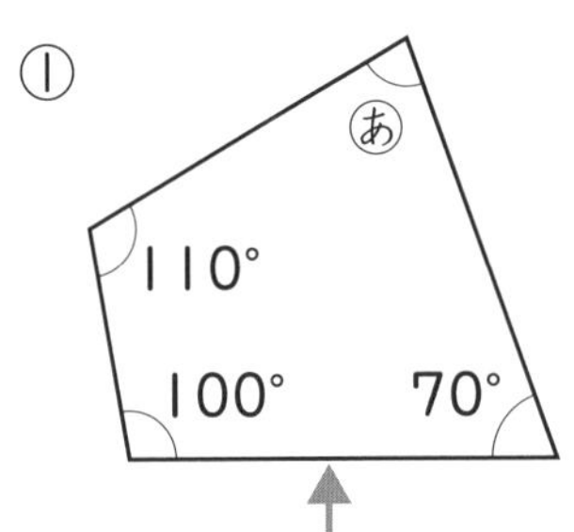

4つの角の大きさの和は360°。
あ＋110°＋100°＋70°＝360°

（式）

答え　　　°

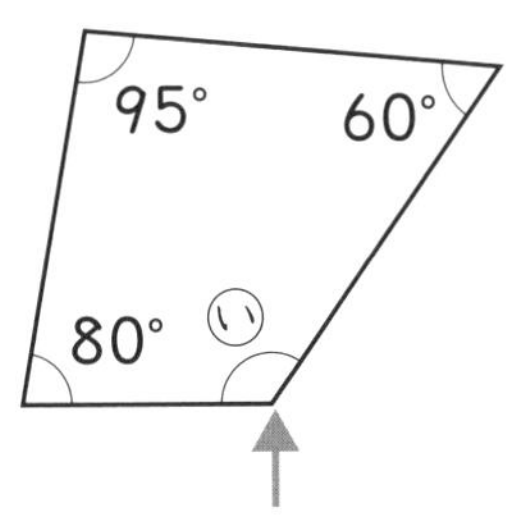

い＋60°＋95°＋80°＝360°

（式）

答え　　　°

③

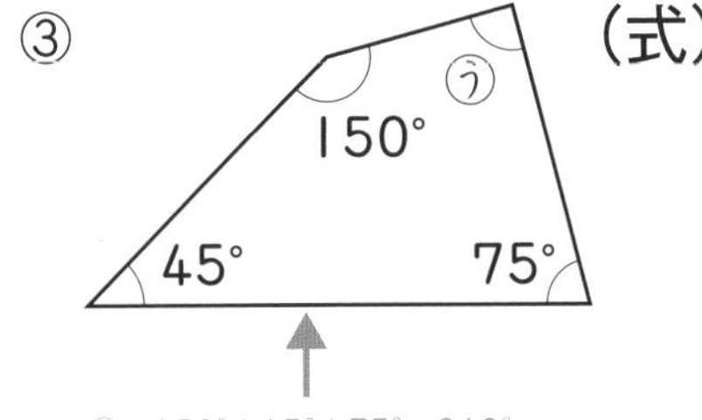

う＋150°＋45°＋75°＝360°

（式）

答え　　　°

覚えよう！

● 四角形の４つの角の大きさの和は　　　°です。

1問25点

下の図のあ，い，う，えの角の大きさは，それぞれ何度ですか。

①

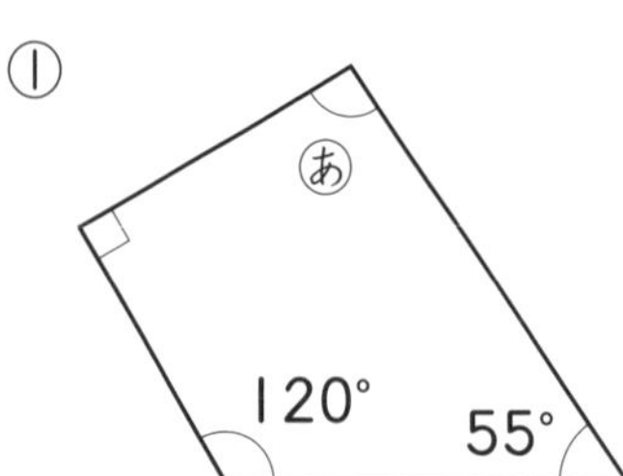

（式）

答え　　　°

②

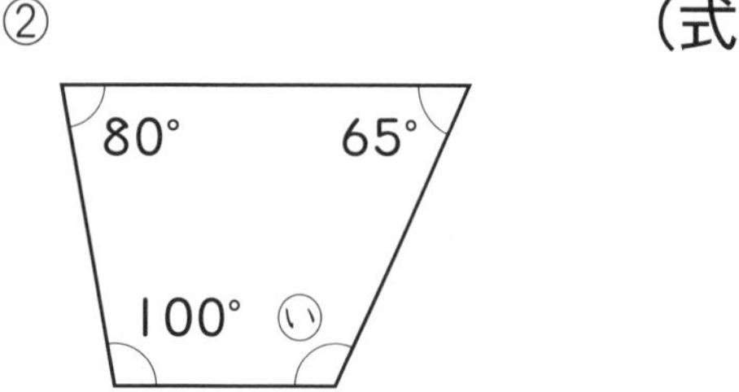

（式）

答え　　　°

③

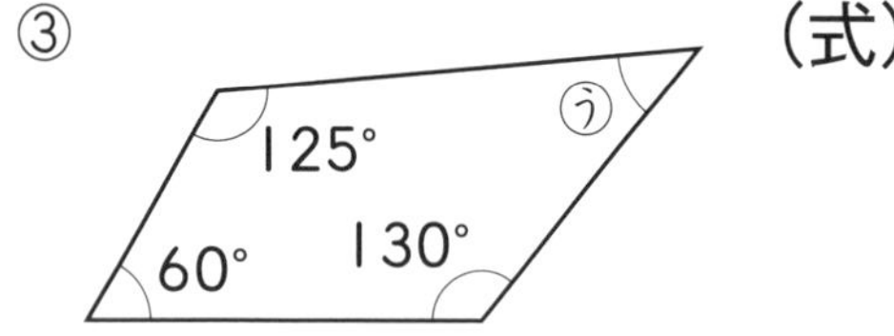

（式）

答え　　　°

④

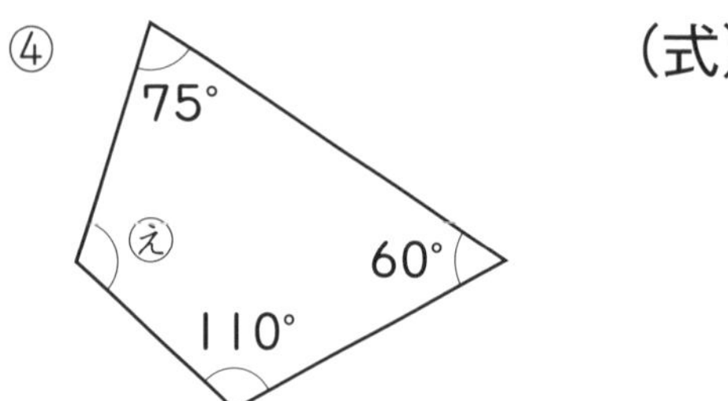

（式）

答え　　　°

勉強した日　　月　　日

図形の角

多角形の角

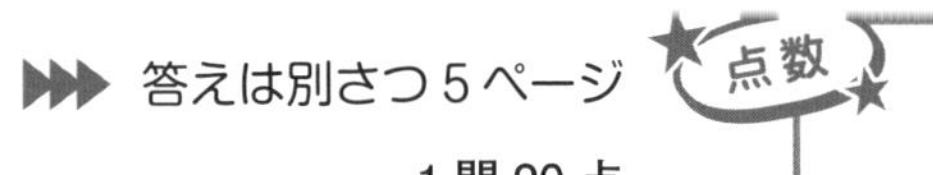

▶▶▶ 答えは別さつ５ページ

点数　　点

1問20点

1 五角形の５つの角の大きさの和を求めます。

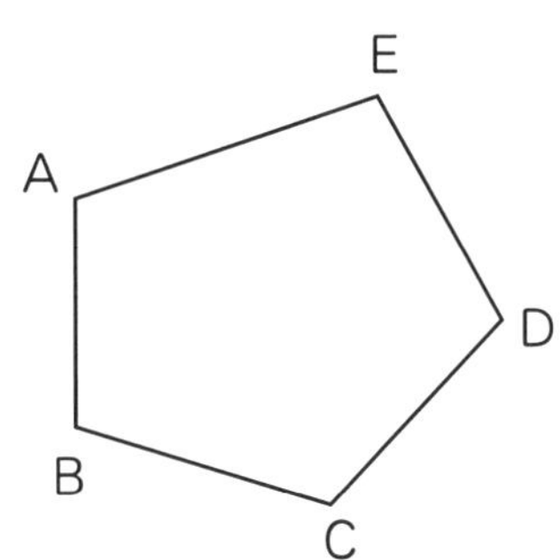

①１つの頂点(ちょうてん)Ａから対角線は何本ひけますか。

対角線ACと対角線AD

□本

②いくつの三角形に分けられますか。

三角形ABCと三角形ACDと三角形ADE

□つ

③五角形の５つの角の大きさの和は何度ですか。

「三角形の３つの角の大きさの和は180°」を使う。180°×(三角形の数)＝五角形の角の大きさの和

□°

2 六角形の６つの角の大きさの和を求めます。

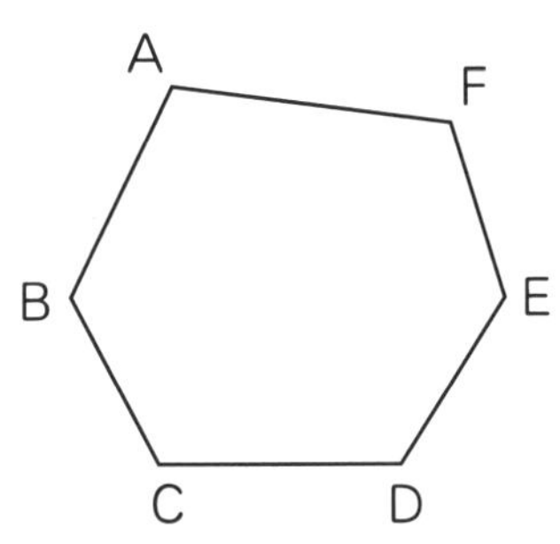

①１つの頂点Ａからひける対角線でいくつの三角形に分けられますか。

頂点Ａから対角線は３本ひける

□つ

②六角形の６つの角の大きさの和は何度ですか。

180°×(三角形の数)＝六角形の角の大きさの和

□°

図形の角

多角形の角

▶▶▶ 答えは別さつ５ページ

1 問 25 点

1 七角形の７つの角の大きさの和を求めます。

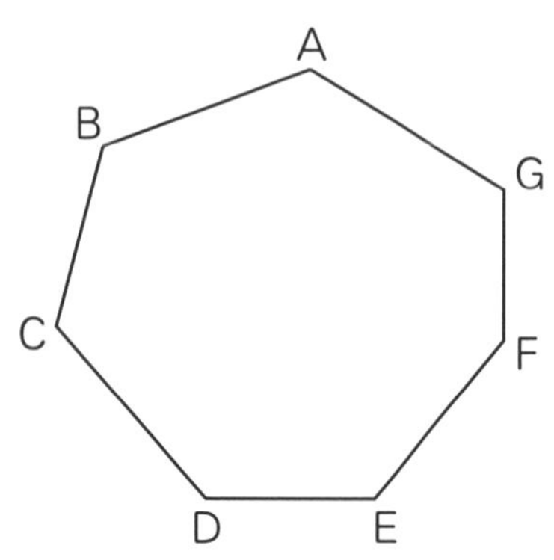

① １つの頂点(ちょうてん)から対角線をひくと，いくつの三角形に分けられますか。

つ

② 七角形の７つの角の大きさの和は何度ですか。

°

2 八角形の８つの角の大きさの和を求めます。

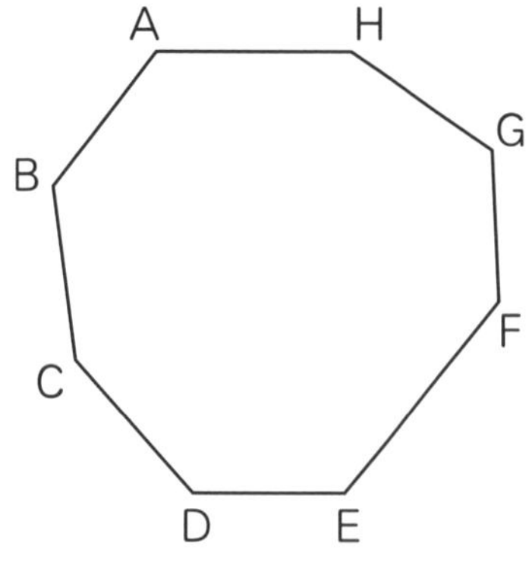

① １つの頂点から対角線をひくと，いくつの三角形に分けられますか。

つ

② 八角形の８つの角の大きさの和は何度ですか。

°

偶数と奇数

偶数と奇数

答えは別さつ５ページ

点数　　点

①〜④：1 問 10 点　⑤〜⑧：1 問 15 点

次の整数は，偶数（ぐうすう）ですか，奇数（きすう）ですか。

① 16
2 でわり切れる。
[　　]

② 24
2 でわり切れる。
[　　]

③ 0
2 でわり切れる。
[　　]

④ 31
2 でわり切れない。
[　　]

⑤ 47
2 でわり切れない。
[　　]

⑥ 58
2 でわり切れる。
[　　]

⑦ 102
2 でわり切れる。
[　　]

⑧ 129
2 でわり切れない。
[　　]

覚えよう！

- 2 でわり切れる整数を [　　] といいます。また，2 でわり切れない整数を [　　] といいます。0 は偶数とします。

偶数と奇数

偶数と奇数

答えは別さつ５ページ

点数　　点

①～⑧：１問８点　⑨～⑫：１問９点

次の整数は，偶数(ぐうすう)ですか，奇数(きすう)ですか。

①18

②26

③25

④39

⑤42

⑥53

⑦71

⑧84

⑨105

⑩154

⑪234

⑫307

倍数と約数

倍数

▶▶▶ 答えは別さつ 5 ページ

1 問 20 点

次の数の倍数を小さいほうから順に 3 つ書きましょう。

① 2

└ 2 に 1，2，3 をかける。

② 3

└ 3 に 1，2，3 をかける。

③ 4

└ 4 に 1，2，3 をかける。

④ 5

└ 5 に 1，2，3 をかける。

⑤ 6

└ 6 に 1，2，3 をかける。

覚えよう！

- 3 に整数をかけてできる数を，3 の ［　　　］ といいます。
- 倍数に 0 は入れないことにします。

倍数と約数

倍数

▶▶▶ 答えは別さつ５ページ

点数　　点

①〜④：1問10点　⑤〜⑧：1問15点

次の数の倍数を小さいほうから順に３つ書きましょう。

①７

②８

③９

④10

⑤12

⑥15

⑦16

⑧18

倍数と約数

公倍数と最小公倍数

▶▶▶ 答えは別さつ５ページ

点

①・②：1問15点　③：1問20点

(　)の中の数の公倍数を，小さいほうから順に3つ書き，最小公倍数を求めましょう。

① (2，3)

3の倍数：3，6，9，12，15，18，21，…
の中から2の倍数を見つける。 → 公倍数 [　　]

最小公倍数 [　　]
↑
公倍数のうち，いちばん小さい数

② (3，4)

4の倍数：4，8，12，16，20，24，28，
32，36，40，…
の中から3の倍数を見つける。 → 公倍数 [　　]

最小公倍数 [　　]
↑
公倍数のうち，いちばん小さい数

③ (4，5)

5の倍数：5，10，15，20，25，30，35，
40，45，50，55，60，…
の中から4の倍数を見つける。 → 公倍数 [　　]

最小公倍数 [　　]
↑
公倍数のうち，いちばん小さい数

覚えよう！

- 3と4の共通な倍数を，3と4の [　　] といいます。
- 公倍数のうち，いちばん小さい数を，[　　] といいます。

勉強した日　月　日

倍数と約数
公倍数と最小公倍数

答えは別さつ6ページ

①〜③：1問12点　④：1問14点

点

(　)の中の数の公倍数を，小さいほうから順に3つ書き，最小公倍数を求めましょう。

①(3，5)

公倍数

最小公倍数

②(2，7)

公倍数

最小公倍数

③(5，6)

公倍数

最小公倍数

④(6，12)

公倍数

最小公倍数

倍数と約数
約数

▶▶▶ 答えは別さつ 6 ページ
1 問 20 点

点

次の数の約数を，小さいほうから順に全部書きましょう。

① 6

6 を 1，2，3，…，6 で順にわり，わり切れる数。

② 8

8 を 1，2，3，…，8 で順にわり，わり切れる数。

③ 9

9 を 1，2，3，…，9 で順にわり，わり切れる数。

④ 12

12 を 1，2，3，…，12 で順にわり，わり切れる数。

⑤ 16

16 を 1，2，3，…，16 で順にわり，わり切れる数。

覚えよう！

- 1，2，3，6 のように，6 をわり切ることのできる整数を 6 の ［　　　］ といいます。

倍数と約数

約数

答えは別さつ6ページ

次の数の約数を，小さいほうから順に全部書きましょう。

① 4

② 5

③ 10

④ 18

⑤ 24

⑥ 15

⑦ 21

⑧ 36

勉強した日  月  日

倍数と約数

公約数と最大公約数

答えは別さつ６ページ　点数　点

①・②：１問15点　③：１問20点

(　)の中の数の公約数を全部書き，最大公約数を求めましょう。

①(6, 12)

6の約数　1, 2, 3, 6
12の約数　1, 2, 3, 4, 6, 12

公約数

最大公約数

②(12, 18)

12の約数　1, 2, 3, 4, 6, 12
18の約数　1, 2, 3, 6, 9, 18

公約数

最大公約数

③(16, 20)

16の約数　1, 2, 4, 8, 16
20の約数　1, 2, 4, 5, 10, 20

公約数

最大公約数

覚えよう

- 1, 2, 4のように，8と12に共通な約数を，8と12の［　　］といいます。
- 公約数のうち，いちばん大きい数を，［　　］といいます。

倍数と約数

公約数と最大公約数

練習

▶▶▶ 答えは別さつ6ページ

①～③：1問12点　④：1問14点

点

(　)の中の数の公約数を全部書き，最大公約数を求めましょう。

①(9, 27)

公約数

最大公約数

②(8, 12)

公約数

最大公約数

③(6, 15)

公約数

最大公約数

④(14, 21)

公約数

最大公約数

約分と通分

約分

▶▶▶ 答えは別さつ６ページ

①～④：1 問 10 点　⑤～⑧：1 問 15 点

次の分数を約分しましょう。

① $\frac{2}{6}$

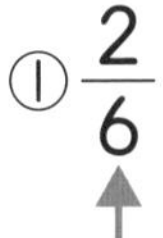

分母と分子を２と６の最大公約数２でわる。

② $\frac{4}{10}$

分母と分子を４と10の最大公約数２でわる。

③ $\frac{8}{12}$

分母と分子を８と12の最大公約数４でわる。

④ $\frac{9}{15}$

分母と分子を９と15の最大公約数３でわる。

⑤ $\frac{12}{20}$

分母と分子を12と20の最大公約数４でわる。

⑥ $\frac{6}{24}$

分母と分子を６と24の最大公約数６でわる。

⑦ $\frac{24}{27}$

分母と分子を24と27の最大公約数３でわる。

⑧ $\frac{21}{28}$

分母と分子を21と28の最大公約数７でわる。

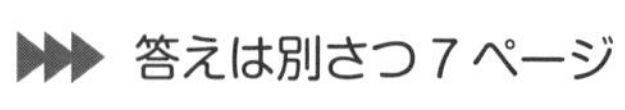

1問10点

点

次の分数を約分しましょう。

① $\frac{3}{12}$ 

② $\frac{6}{16}$ 

③ $\frac{15}{20}$ 

④ $\frac{12}{21}$ 

⑤ $\frac{9}{36}$ 

⑥ $\frac{16}{40}$ 

⑦ $\frac{12}{36}$ 

⑧ $\frac{35}{42}$ 

⑨ $\frac{60}{80}$ 

⑩ $\frac{45}{72}$ 

約分と通分

通分

▶▶▶ 答えは別さつ7ページ

①～④：1問10点　⑤～⑧：1問15点

次の分数を通分しましょう。

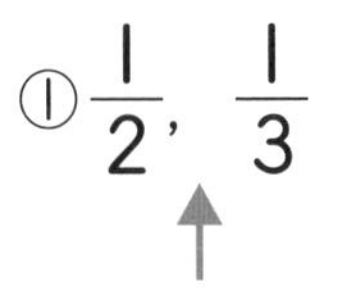

① $\frac{1}{2}$, $\frac{1}{3}$

2と3の最小公倍数6を分母にする。

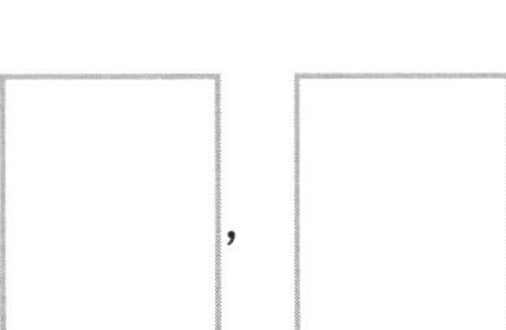

② $\frac{1}{3}$, $\frac{1}{4}$

3と4の最小公倍数12を分母にする。

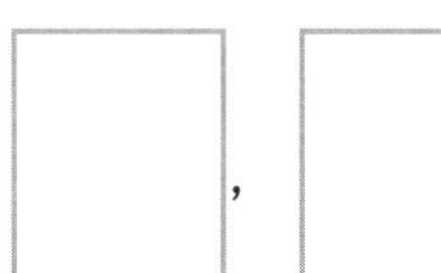

③ $\frac{1}{4}$, $\frac{2}{5}$

4と5の最小公倍数20を分母にする。

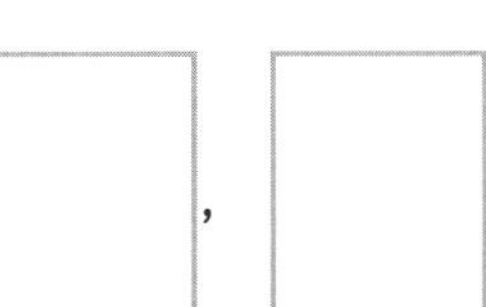

④ $\frac{1}{2}$, $\frac{2}{5}$

2と5の最小公倍数10を分母にする。

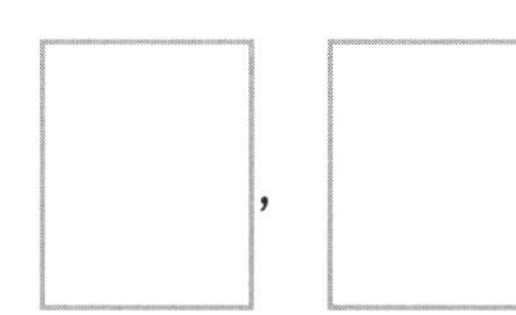

⑤ $\frac{2}{3}$, $\frac{2}{5}$

3と5の最小公倍数15を分母にする。

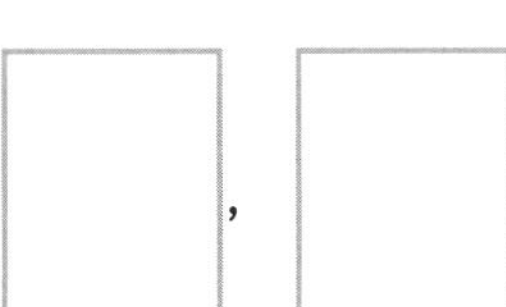

⑥ $\frac{3}{4}$, $\frac{1}{8}$

4と8の最小公倍数8を分母にする。

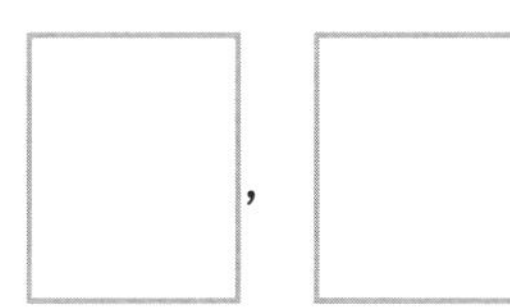

⑦ $\frac{1}{4}$, $\frac{5}{6}$

4と6の最小公倍数12を分母にする。

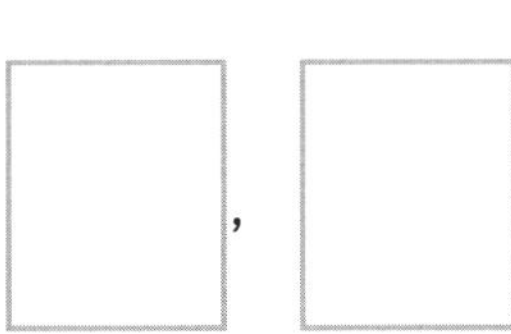

⑧ $\frac{5}{6}$, $\frac{3}{8}$

6と8の最小公倍数24を分母にする。

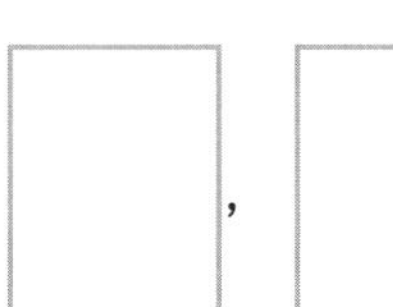

約分と通分

通分

答えは別さつ７ページ

①～④：１問 10 点　⑤～⑧：１問 15 点

次の分数を通分しましょう。

① $\frac{1}{2}$, $\frac{1}{4}$

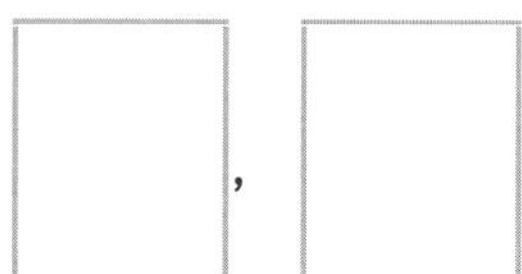

② $\frac{2}{3}$, $\frac{3}{5}$

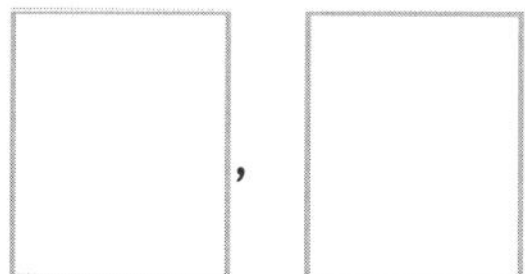

③ $\frac{3}{4}$, $\frac{2}{5}$

④ $\frac{3}{4}$, $\frac{5}{6}$

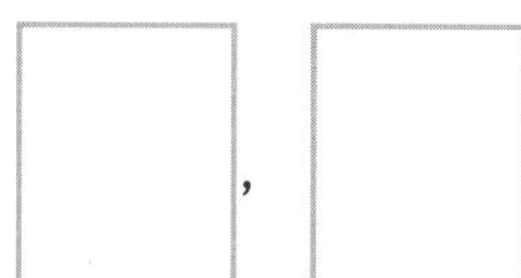

⑤ $\frac{2}{9}$, $\frac{1}{6}$

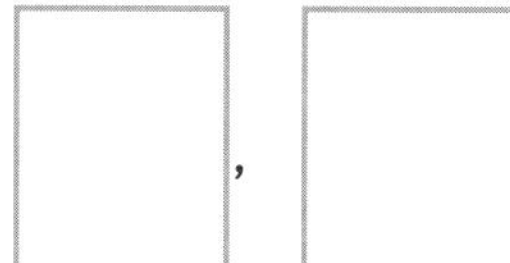

⑥ $\frac{7}{10}$, $\frac{1}{4}$

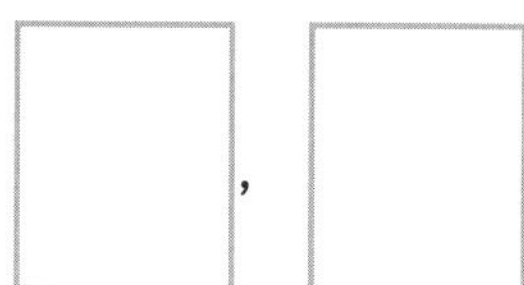

⑦ $\frac{2}{9}$, $\frac{3}{4}$

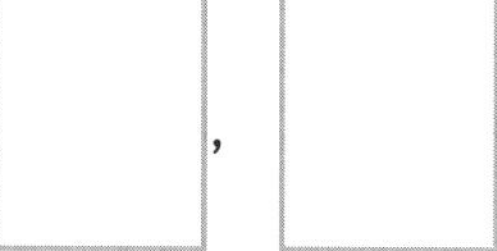

⑧ $\frac{3}{8}$, $\frac{5}{12}$

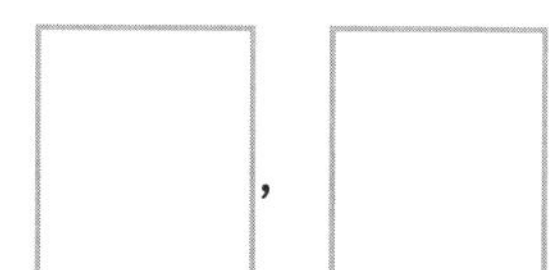

勉強した日  月　　日

分数と小数
わり算と分数

▶▶▶ 答えは別さつ7ページ

①～④：1問15点　⑤・⑥：1問20点

わり算の商を，分数で表します。□にあてはまる数を書きましょう。

① 1 ÷ 3 ＝ □/□

わる数3を分母，わられる数1を分子にする。

② 5 ÷ 8 ＝ □/□

わる数8を分母，わられる数5を分子にする。

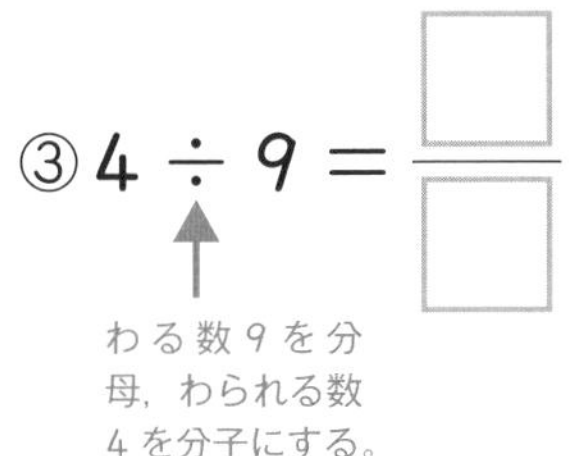

③ 4 ÷ 9 ＝ □/□

わる数9を分母，わられる数4を分子にする。

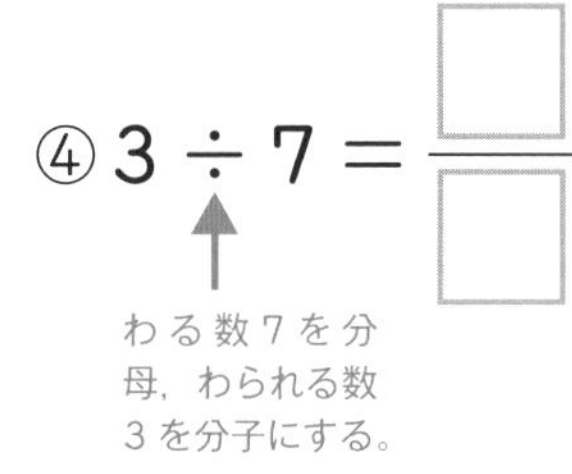

④ 3 ÷ 7 ＝ □/□

わる数7を分母，わられる数3を分子にする。

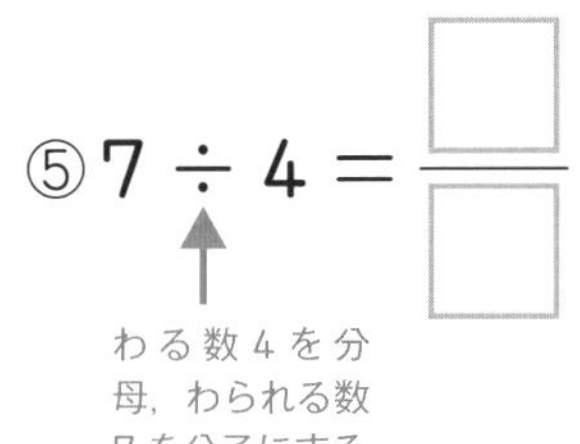

⑤ 7 ÷ 4 ＝ □/□

わる数4を分母，わられる数7を分子にする。

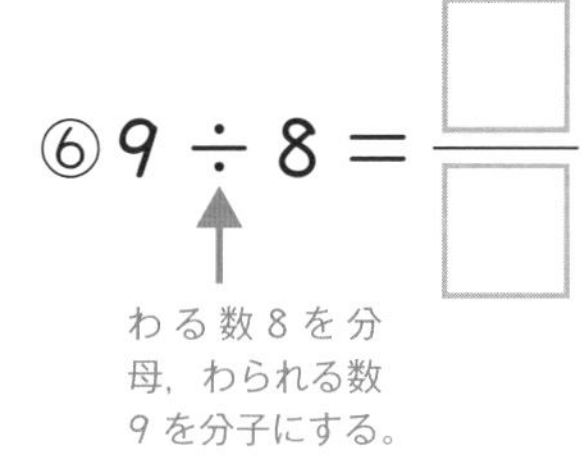

⑥ 9 ÷ 8 ＝ □/□

わる数8を分母，わられる数9を分子にする。

覚えよう

● 整数どうしのわり算の商は，□で表すことができます。

■ ÷ ● ＝ ■/●

▶▶▶ 答えは別さつ７ページ

１問 10 点

点

わり算の商を，分数で表します。□にあてはまる分数を書きましょう。

①2 ÷ 5 = □　　②4 ÷ 7 = □

③7 ÷ 9 = □　　④3 ÷ 10 = □

⑤5 ÷ 6 = □　　⑥8 ÷ 17 = □

⑦5 ÷ 4 = □　　⑧6 ÷ 5 = □

⑨8 ÷ 7 = □　　⑩14 ÷ 9 = □

勉強した日  月  日

分数と小数

分数と小数，整数

▶▶▶ 答えは別さつ７ページ

点

1：1問10点　**2**：1問15点

1 次の分数を小数で表しましょう。

① $\frac{1}{2} = 1 \div 2 =$ □

分子を分母でわる。

② $\frac{2}{5} = 2 \div 5 =$ □

分子を分母でわる。

③ $\frac{3}{4} = 3 \div 4 =$ □

分子を分母でわる。

④ $\frac{5}{4} = 5 \div 4 =$ □

分子を分母でわる。

2 次の小数や整数を分数で表しましょう。

① $0.3 = \frac{\square}{10}$

$0.1 = \frac{1}{10}$，0.3 は 0.1 の 3 個分。

② $0.17 = \frac{\square}{100}$

$0.01 = \frac{1}{100}$，0.17 は 0.01 の 17 個分。

③ $1.9 = \frac{\square}{10}$

1.9 は 0.1 の 19 個分。

④ $6 = \frac{\square}{1}$

1 を分母とする分数にする。

覚えよう！

● 小数は，10，100 などを □ とする分数で表すことができます。

分数と小数

分数と小数，整数

答えは別さつ７ページ

1 問 10 点　　点

1 次の分数を小数で表しましょう。わり切れないときは，四(し)捨五入(しゃごにゅう)して $\frac{1}{100}$ の位までの小数で表しましょう。

① $\frac{1}{4}$

② $\frac{4}{5}$

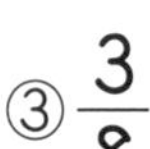

③ $\frac{3}{8}$

④ $\frac{7}{4}$

⑤ $\frac{2}{3}$

⑥ $\frac{5}{6}$

2 次の小数や整数を分数で表しましょう。

① 0.7

② 0.23

③ 2.07

④ 19

勉強した日　月　日

46

分数と小数のまとめ

めいろゲーム

答えは別さつ8ページ

数が大きい方に進んで，宝箱（たからばこ）を手に入れよう！

月　日

面積
平行四辺形の面積

答えは別さつ８ページ

①・②：1問30点　③：40点

次の平行四辺形の面積を求めましょう。

①

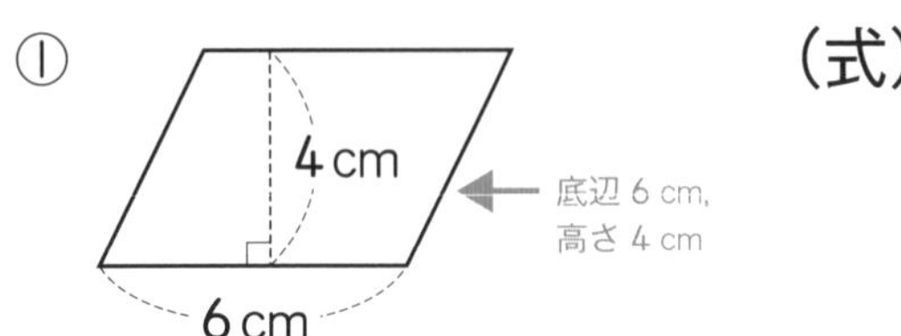

（式）

答え ［　　　］ cm^2

②

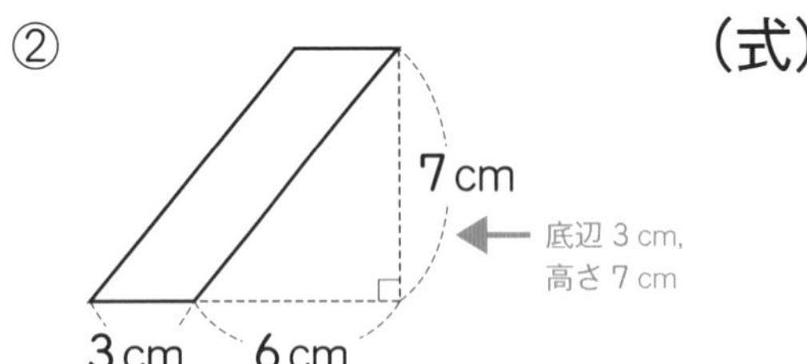

（式）

答え ［　　　］ cm^2

③

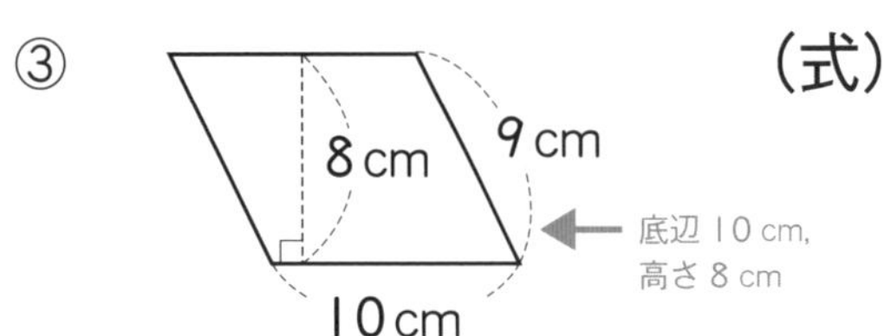

（式）

答え ［　　　］ cm^2

覚えよう！

● 平行四辺形の面積 ＝ ［　　　］ × ［　　　］

面積

平行四辺形の面積

▶▶▶ 答えは別さつ 8 ページ

1 問 25 点

点

次の平行四辺形の面積を求めましょう。

①

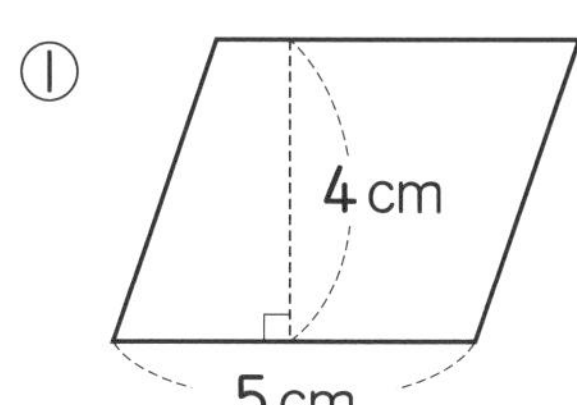

（式）

答え ＿＿＿＿ cm^2

②

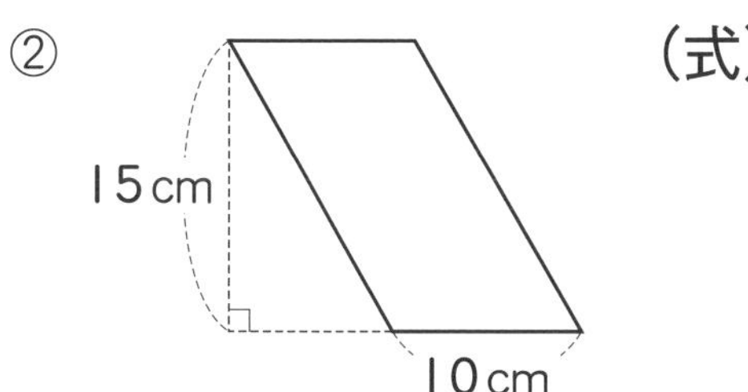

（式）

答え ＿＿＿＿ cm^2

③

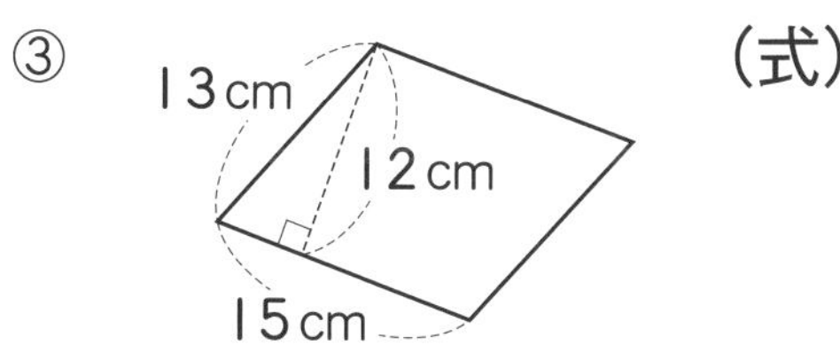

（式）

答え ＿＿＿＿ cm^2

④

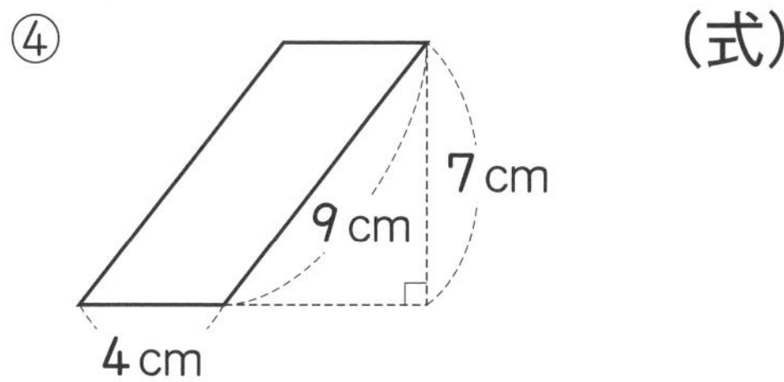

（式）

答え ＿＿＿＿ cm^2

面積
三角形の面積

答えは別さつ８ページ

①・②：1問30点　③：40点

点数　　点

次の三角形の面積を求めましょう。

①

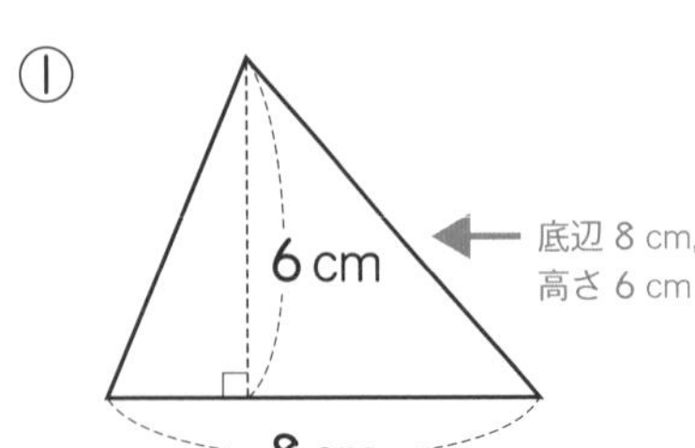

（式）

答え　　cm²

②

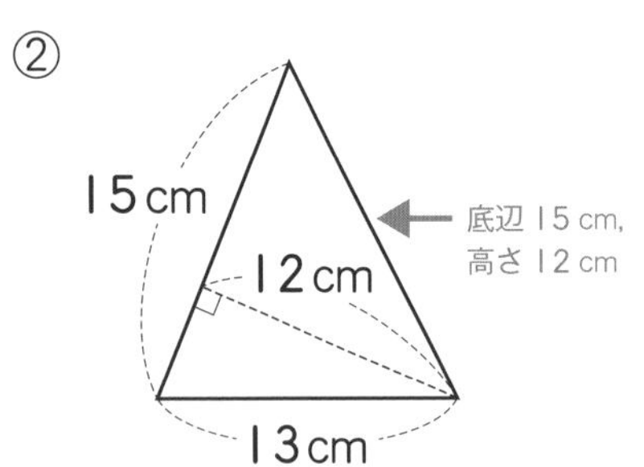

（式）

答え　　cm²

③

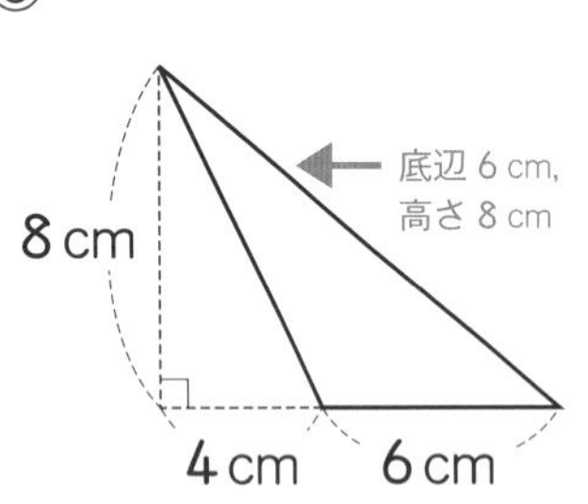

（式）

答え　　cm²

覚えよう

● 三角形の面積 ＝ □ × □ ÷ □

次の三角形の面積を求めましょう。

①

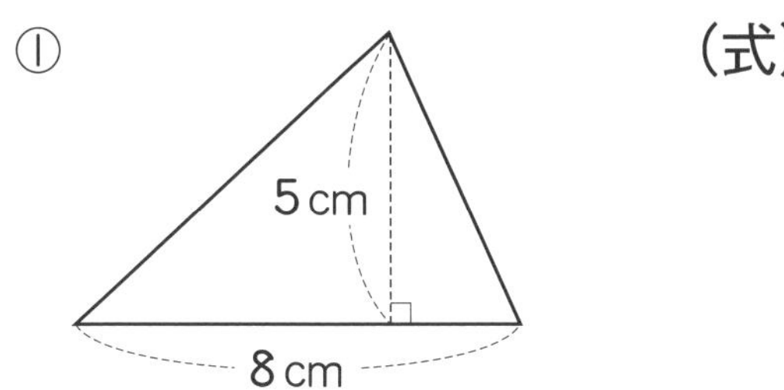

（式）

答え $\square$ cm^2

②

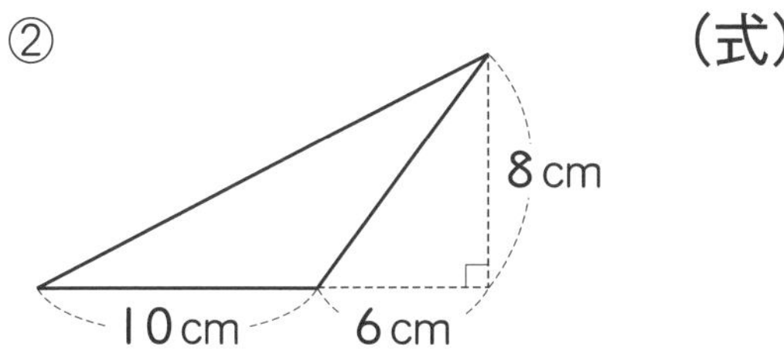

（式）

答え $\square$ cm^2

③

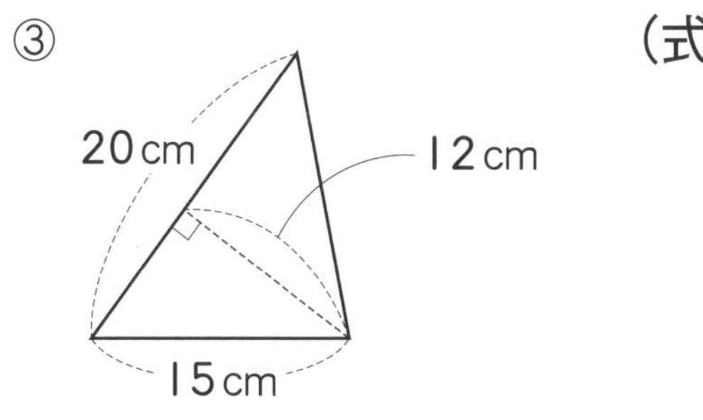

（式）

答え $\square$ cm^2

④

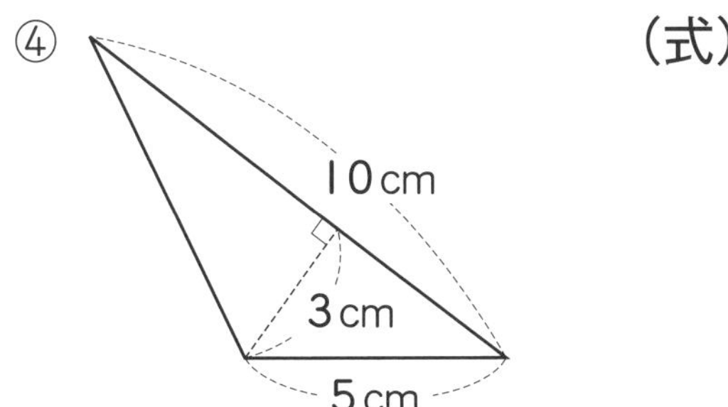

（式）

答え $\square$ cm^2

面積

台形の面積

①・②：1問30点　③：40点

次の台形の面積を求めましょう。

①

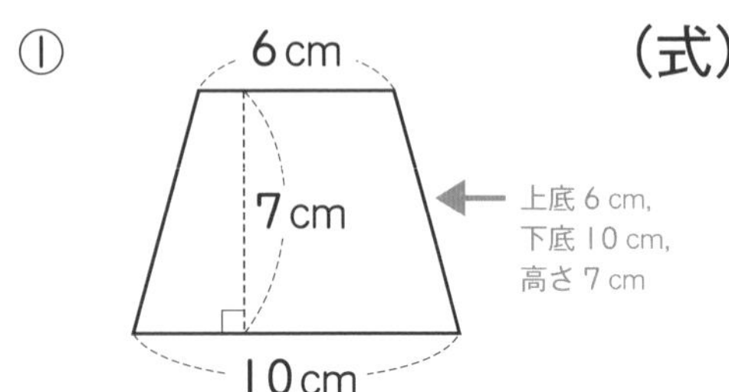

（式）

答え　　　　cm^2

②

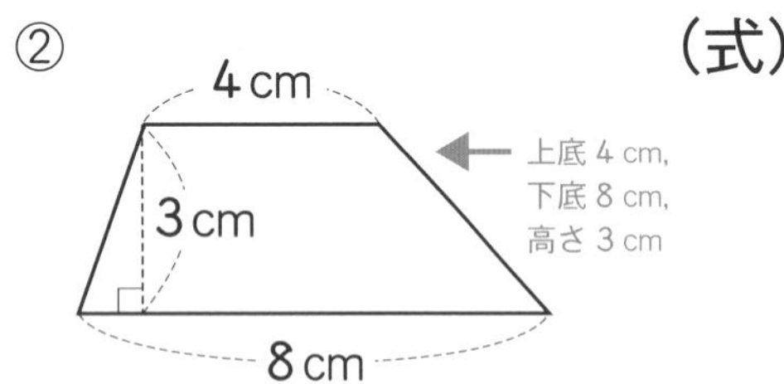

（式）

答え　　　　cm^2

③

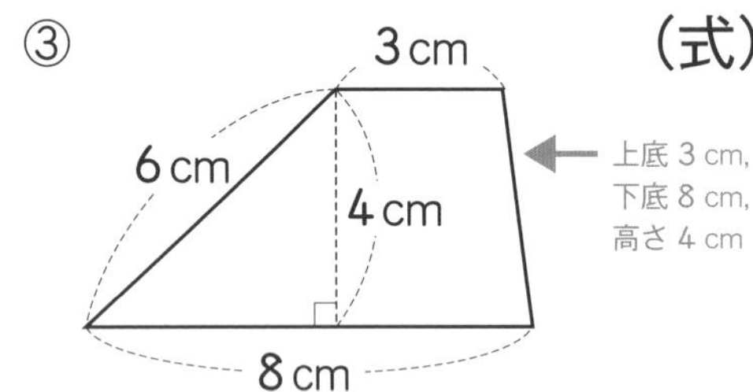

（式）

答え　　　　cm^2

覚えよう

● 台形の面積＝（　　　＋　　　）×　　　÷　　

面積

台形の面積

①・②：1問30点　③：40点

次の台形の面積を求めましょう。

①

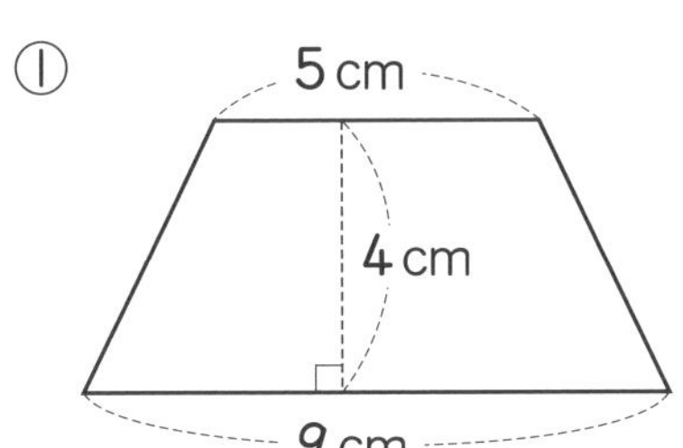

（式）

答え ［　　　］ cm^2

②

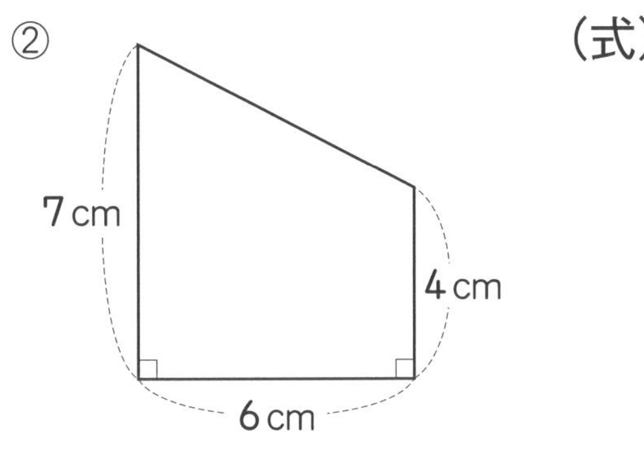

（式）

答え ［　　　］ cm^2

③

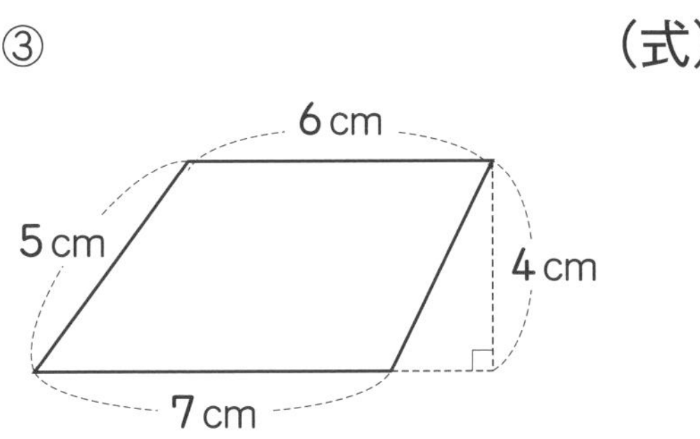

（式）

答え ［　　　］ cm^2

面積

ひし形の面積

▶▶▶ 答えは別さつ９ページ

①・②：1問30点　③：40点

点数　　点

次のひし形の面積を求めましょう。

①　　（式）

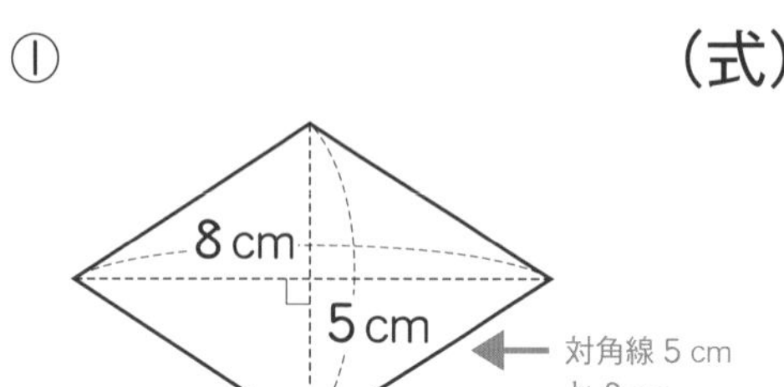

答え [　　] cm²

②　　（式）

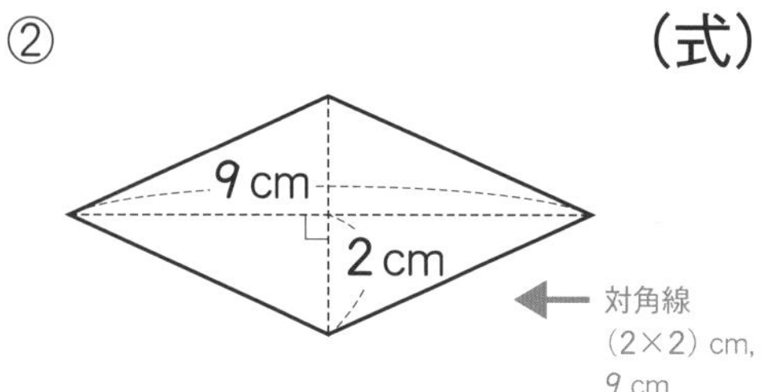

答え [　　] cm²

③　　（式）

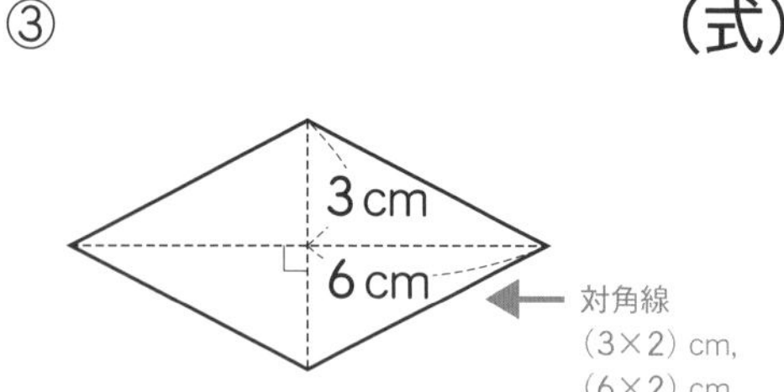

答え [　　] cm²

覚えよう！

● ひし形の面積

＝一方の [　　] ×もう一方の [　　] ÷ [　]

面積

ひし形の面積

答えは別さつ９ページ

1問25点

次のひし形の面積を求めましょう。

①

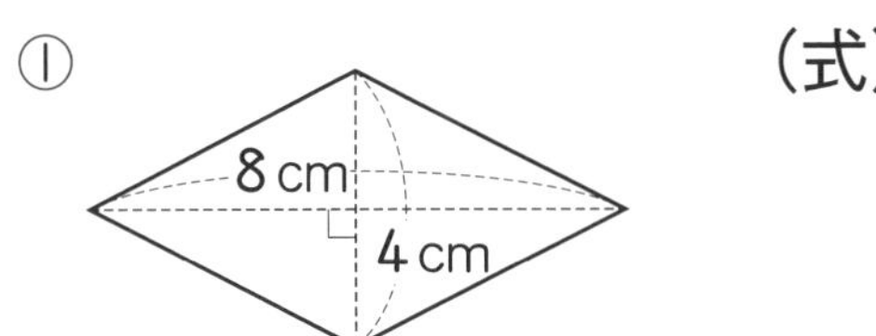

（式）

答え　　　cm^2

②

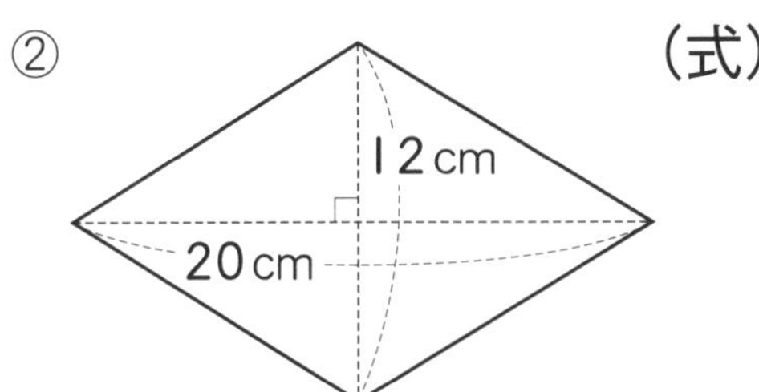

（式）

答え　　　cm^2

③

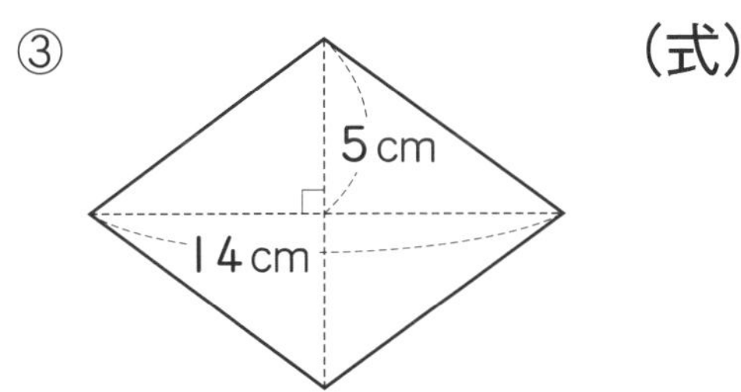

（式）

答え　　　cm^2

④

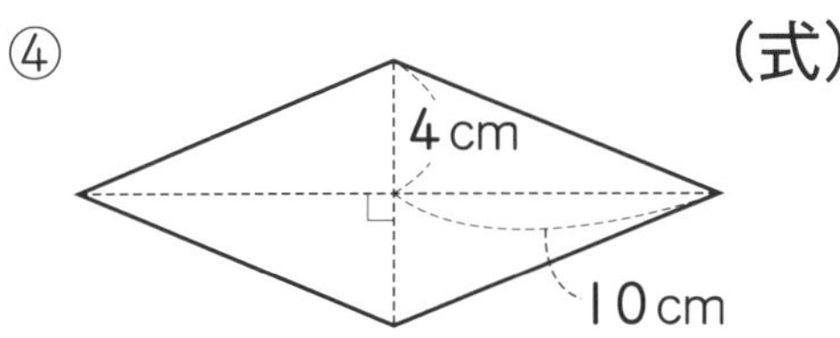

（式）

答え　　　cm^2

平均

平均

▶▶▶ 答えは別さつ 9 ページ

1 問 25 点

次の数量の平均(へいきん)を求めましょう。

① 13 g, 19 g, 18 g, 14 g ← 平均＝合計 ÷4

（式）

答え [　　] g

② 4 本, 10 本, 11 本, 9 本, 8 本 ← 平均＝合計 ÷5

（式）

答え [　　] 本

③ 3.8 L, 1.4 L, 4.7 L, 4.5 L ← 平均＝合計 ÷4

（式）

答え [　　] L

④ 5 人, 0 人, 8 人, 3 人, 6 人 ← 0 人も個数(こすう)に入れ, 合計を 5 でわる。

（式）

答え [　　] 人

覚えよう！

● 平均 ＝ [　　] ÷ [　　]

平均

平均

▶▶▶ 答えは別さつ９ページ

点数　　点

①～④：1 問 15 点　⑤・⑥：1 問 20 点

次の数量の平均(へいきん)を求めましょう。

① 11 g, 10 g, 13 g, 14 g
(式)

答え ＿＿ g

② 5 m, 4 m, 8 m, 5 m, 6 m
(式)

答え ＿＿ m

③ 1.5 L, 1.9 L, 1.6 L, 1.8 L
(式)

答え ＿＿ L

④ 62 g, 54 g, 57 g, 58 g, 60 g
(式)

答え ＿＿ g

⑤ 5 人, 3 人, 0 人, 4 人, 7 人
(式)

答え ＿＿ 人

⑥ 9 本, 7 本, 5 本, 0 本, 4 本, 8 本
(式)

答え ＿＿ 本

勉強した日　　月　　日

単位量あたりの大きさ
単位量あたりの大きさ

▶▶▶ 答えは別さつ 9 ページ

①：1 問 30 点　②：40 点

点数　　点

次の問いに答えましょう。

①AとBのうさぎ小屋では，どちらがこんでいますか。

小屋の面積とうさぎの数

	面積(m^2)	数(ひき)
A	6	9
B	5	8

㋐ $1\,m^2$ あたりのうさぎの数で比(くら)べる。 ← (うさぎの数)÷(面積)

(式)

答え

㋑ 1 ぴきあたりの面積で比べる。 ← (面積) ÷ (うさぎの数)

(式)

答え

② 面積 $30\,km^2$，人口 20100 人の東町の人口密度(じんこうみつど)を求めましょう。

↑ 人口密度＝人口÷面積

(式)

答え　　人

覚えよう

● $1\,km^2$ あたりの人口のことを，　　といいます。

単位量あたりの大きさ

単位量あたりの大きさ

▶▶▶ 答えは別さつ 10 ページ

1 問 25 点

点

次の問いに答えましょう。

①１組と２組の学級園では，どちらがこんでいますか。

学級園の面積と球根の数

	面積(m^2)	数(個)
１組	24	120
２組	35	168

㋐ $1\,m^2$ あたりの球根の数で比べる。

(式)

答え

㋑１個あたりの面積で比べる。

(式)

答え

②面積 $400\,km^2$，人口 354800 人の南市の人口密度を求めましょう。

(式)

答え　　　人

③ガソリン 30 L で 360 km 走る自動車Aと，ガソリン 34 L で 425 km 走る自動車Bがあります。ガソリン１L あたりに走る道のりが長いのは，どちらの自動車ですか。

(式)

答え

勉強した日　　月　　日

59

単位量あたりの大きさのまとめ

ゴールにいる動物は？

答えは別さつ10ページ

こんでいる方に進みましょう。どの動物のところに着くかな？

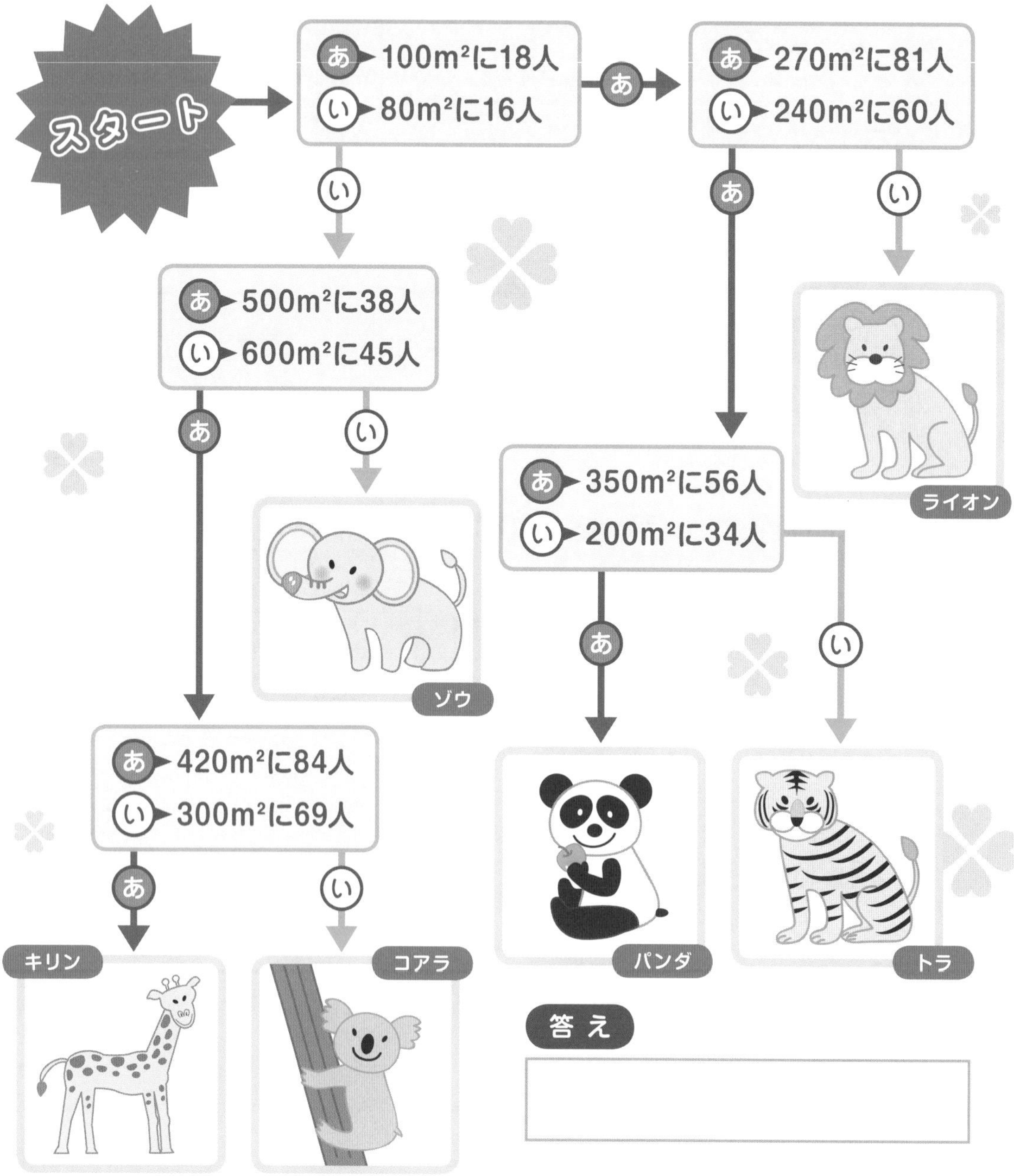

スタート

あ 100m²に18人
い 80m²に16人

あ 270m²に81人
い 240m²に60人

あ 500m²に38人
い 600m²に45人

あ 350m²に56人
い 200m²に34人

あ 420m²に84人
い 300m²に69人

ライオン

ゾウ

パンダ

トラ

キリン

コアラ

答え

速さ

速さの求め方

▶▶▶ 答えは別さつ 10 ページ

1・2：1問 25 点

1 次の速さを求めましょう。

① 80 km を 2 時間で進んだ自動車の時速

道のり　時間　速さ＝道のり÷時間

（式）

答え　時速 [　　　] km

② 300 m を 6 分で歩いた人の分速

道のり　時間　速さ＝道のり÷時間

（式）

答え　分速 [　　　] m

③ 140 m を 7 秒で進んだ自動車の秒速

道のり　時間　速さ＝道のり÷時間

（式）

答え　秒速 [　　　] m

2 秒速 9 m は分速 [　　　] m です。

1 分＝60 秒　1 分間あたり何 m 進むか求める。

覚えよう

● 速さ＝ [　　　] ÷ [　　　]

速さ

速さの求め方

答えは別さつ 10 ページ

点数　点

1 ：1 問 20 点　2 ：1 問 10 点

1 次の速さを求めましょう。

① 260 km を 4 時間で進んだ自動車の時速

（式）

答え　時速 ＿＿ km

② 490 m を 7 分で歩いた人の分速

（式）

答え　分速 ＿＿ m

③ 1700 m を 5 秒で進む音の秒速

（式）

答え　秒速 ＿＿ m

2 ＿＿ にあてはまる数を求めましょう。

① 時速 45 km は分速 ＿＿ m です。

② 分速 120 m は秒速 ＿＿ m です。

③ 分速 150 m は時速 ＿＿ km です。

④ 時速 54 km は秒速 ＿＿ m です。

速さ

道のりの求め方

答えは別さつ 11 ページ

①・②：1 問 30 点　③：40 点

点

次の道のりを求めましょう。

①時速 45 km で走る自動車が 2 時間で進む道のり

速さ　時間　道のり＝速さ×時間

答え　　　　km

②分速 50 m で歩く人が 12 分で進む道のり

速さ　時間　道のり＝速さ×時間

答え　　　　m

③秒速 6 m で走る人が 8 秒で進む道のり

速さ　時間　道のり＝速さ×時間

答え　　　　m

覚えよう！

● 道のり＝　　　　×

速さ

道のりの求め方

▶▶▶ 答えは別さつ 11 ページ

1問 20 点　点数　　点

次の道のりを求めましょう。

①時速 42 km で走るバスが 4 時間で進む道のり

（式）

答え　　　km

②時速 110 km で走る電車が 2 時間で進む道のり

（式）

答え　　　km

③分速 300 m で走る自転車が 6 分で進む道のり

（式）

答え　　　m

④分速 200 m で走る人が 5 分で進む道のり

（式）

答え　　　m

⑤秒速 340 m で進む音が 20 秒で進む道のり

（式）

答え　　　m

64 速さ
時間の求め方

理解

▶▶▶ 答えは別さつ 11 ページ
①・②：1 問 30 点　③：40 点

点数　　点

次の時間を求めましょう。

① 時速 30 km で走る自動車が 180 km 進むのにかかる時間

速さ　道のり　時間＝道のり÷速さ

（式）

答え　[　　　]　時間

② 分速 250 m で走る自転車が 1500 m 進むのにかかる時間

（式）

答え　[　　　]　分

③ 秒速 4 m で走る人が 600 m 進むのにかかる時間

速さ　道のり　時間＝道のり÷速さ

（式）

答え　[　　　]　秒

覚えよう！

● 時間＝[　　　]÷[　　　]

速さ

時間の求め方

答えは別さつ11ページ

1問20点　　点

次の時間を求めましょう。

①時速35kmで走るバスが105km進むのにかかる時間

（式）

答え　　　時間

②時速90kmで走る電車が360km進むのにかかる時間

（式）

答え　　　時間

③分速200mで走る自転車が3000m進むのにかかる時間

（式）

答え　　　分

④分速500mで泳ぐ魚が4000m進むのにかかる時間

（式）

答え　　　分

⑤秒速27mで走るチーターが135m進むのにかかる時間

（式）

答え　　　秒

割合と百分率

割合と百分率①

▶▶▶ 答えは別さつ 11 ページ

点数　　点

1：1問10点　**2**：1問15点

1 小数で表した割合（わりあい）を，百分率（ひゃくぶんりつ）（④は歩合（ぶあい））で表しましょう。

① 0.4 ← 100倍する。0.4×100（%）

□ %

② 0.05 ← 100倍する。

□ %

③ 1.25 ← 100倍する。

□ %

④ 0.35 ← 0.1…1割，0.01…1分

□ 割 □ 分

2 百分率や歩合で表した割合を，小数で表しましょう。

① 3% ← 100でわる。3÷100

□

② 160% ← 100でわる。

□

③ 18.3% ← 100でわる。

□

④ 2割4分 ← 1割…0.1　1分…0.01

□

覚えよう！

割合を表す小数	1	0.1	0.01	0.001
百分率	100%	□	□	0.1%
歩合	10割	□	□	1厘（りん）

割合と百分率

割合と百分率①

▶▶▶ 答えは別さつ 11 ページ

①・②：1問30点　③：40点

点

□にあてはまる数を求めましょう。

①56人は，80人の□%です。

比べられる量　もとにする量　割合＝比べられる量÷もとにする量
割合は小数を百分率になおす。

（式）

答え

②270円は，360円の□%です。

比べられる量　もとにする量　割合

（式）

答え

③9Lは，75Lの□%です。

比べられる量　もとにする量　割合

（式）

答え

覚えよう！

● 割合＝□÷□

割合と百分率

割合と百分率①

▶▶▶ 答えは別さつ 11 ページ

点数　　点

1・2：1 問 10 点

1 小数で表した割合は，百分率や歩合で，百分率や歩合で表した割合は，小数で表しましょう。

① 0.7　□ %

② 1.45　□ %

③ 0.451　□ %

④ 0.62　□ 割 □ 分

⑤ 9%　□

⑥ 120%　□

⑦ 23.1%　□

⑧ 6 分　□

2 □にあてはまる数を求めましょう。

① 24 m は，30 m の□%です。
(式)

答え □

② 81 個は，180 個の□%です。
(式)

答え □

割合と百分率

割合と百分率②

▶▶▶ 答えは別さつ12ページ

①・②：1問30点　③：40点

点数　　点

□にあてはまる数を求めましょう。

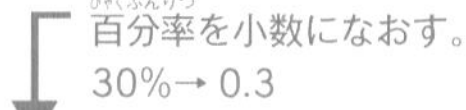

百分率(ひゃくぶんりつ)を小数になおす。
30%→0.3

① 70 m の 30%は，□m です。

もとにする量　割合(わりあい)　比べられる量 ＝もとにする量×割合

(式)

答え □

② 160 人の 45%は，□人です。

もとにする量　割合　比べられる量

(式)

答え □

③ 250 さつの 68%は，□さつです。

もとにする量　割合　比べられる量

(式)

答え □

覚えよう！

● 比(くら)べられる量 ＝ □ × □

割合と百分率

割合と百分率②

▶▶▶ 答えは別さつ 12 ページ

点数　　点

①～④：1 問 15 点　⑤・⑥：1 問 20 点

□にあてはまる数を求めましょう。

① 95 m の 40%は，□m です。
（式）

答え

② 170 円の 90%は，□円です。
（式）

答え

③ 380 人の 60%は，□人です。
（式）

答え

④ 160 g の 85%は，□g です。
（式）

答え

⑤ 350 本の 48%は，□本です。
（式）

答え

⑥ 650 個の 54%は，□個です。
（式）

答え

割合と百分率

割合と百分率③

▶▶▶ 答えは別さつ 12 ページ

①・②：1 問 30 点　③：40 点

□にあてはまる数を求めましょう。

① 18 L は，□ L の 60% です。

（式）

答え ［　　　］

② 64 cm は，□ cm の 40% です。

比べられる量　もとにする量　割合

（式）

答え ［　　　］

③ 60 個は，□個の 24% です。

比べられる量　もとにする量　割合

（式）

答え ［　　　］

覚えよう！

● もとにする量 ＝ ［　　　］ ÷ ［　　　］

割合と百分率

割合と百分率③

答えは別さつ 12 ページ

1 問 20 点

点数

点

□にあてはまる数を求めましょう。

① 48 cm は，□ cm の 80％です。

（式）

答え

② 45 g は，□ g の 30％です。

（式）

答え

③ 99 人は，□人の 55％です。

（式）

答え

④ 204 さつは，□さつの 85％です。

（式）

答え

⑤ 18 人は，□人の 12％です。

（式）

答え

割合と百分率
帯グラフ

▶▶▶ 答えは別さつ 12 ページ

1 問 25 点　　点

下の帯グラフは，5 年 1 組の学級文庫にある本の種類と，そのさっ数の割合（わりあい）を表したものです。

学級文庫の本の割合

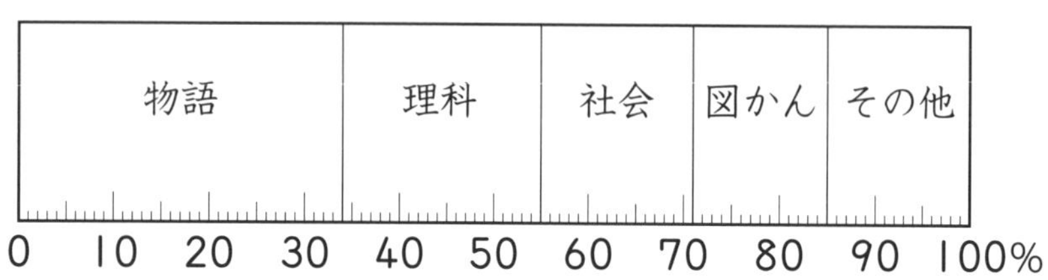

① 物語は全体の何%ですか。

（1 目もりは 1%を表している。）

　　%

② 図かんは全体の何%ですか。

（両側の区切りのところの目もりの差を求める。）

　　%

③ 理科の本は，全体の約何分の 1 ですか。

（55－34＝21(%)→約 20%と考える。）

約

④ 学級文庫にある本は 400 さつです。社会の本は何さつですか。

（400：100%　1%が何さつにあたるか。）（社会：16%）

（式）

答え　　さつ

勉強した日　　月　　日

割合と百分率

帯グラフ

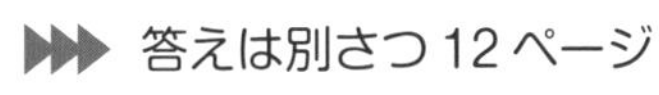

答えは別さつ 12 ページ

1 問 25 点　　　点

下の帯グラフは，ある学校の通学地区別の人数の割合（わりあい）を表したものです。

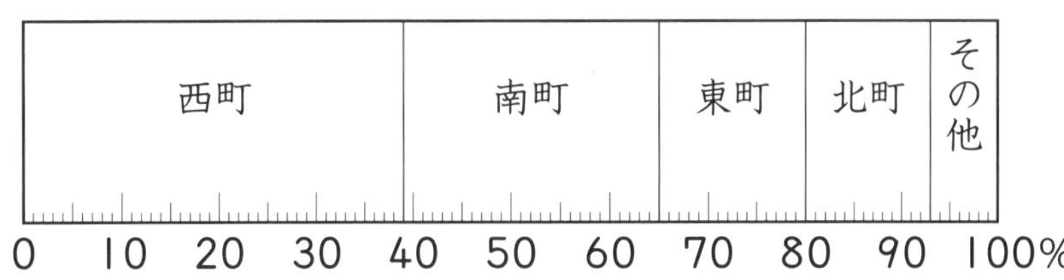

① 西町から通学している人は，全体の何％ですか。

　　　％

② 東町から通学している人は，全体の何％ですか。

　　　％

③ 南町から通学している人は，全体の約何分の 1 になりますか。

約

④ この学校の生徒数は 700 人です。東町から通学している人は何人ですか。

（式）

答え　　　人

割合と百分率
円グラフ

答えは別さつ12ページ
1問25点

下の円グラフは，あきえさんの家のある月の生活費の使いみち別の割合(わりあい)を表したものです。

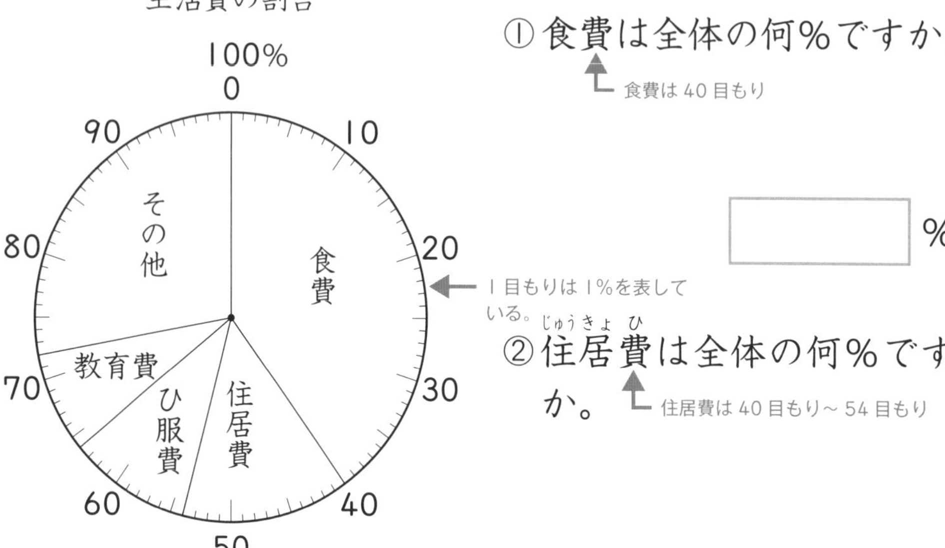

① 食費は全体の何%ですか。

食費は40目もり

%

② 住居費(じゅうきょひ)は全体の何%ですか。

住居費は40目もり～54目もり

%

③ ひ服費は全体の何%ですか。

ひ服費は54目もり～64目もり

%

④ 食費は教育費の何倍ですか。

教育費は64目もり～72目もり

倍

割合と百分率

円グラフ

答えは別さつ 13 ページ

点数　　点

1 問 25 点

下のグラフは，ある農家の農業収入の割合(わりあい)を表したものです。

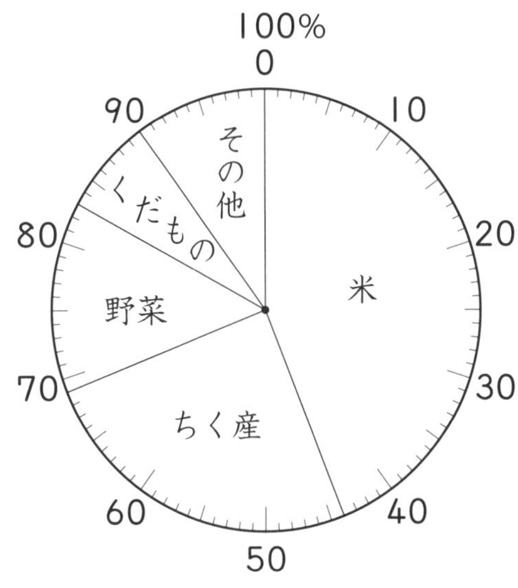

①米による収入は，全体の何%ですか。

□ %

②ちく産による収入は，全体の何分の 1 ですか。

□

③野菜による収入は，全体の何%ですか。

□ %

④野菜による収入は，くだものによる収入の何倍ですか。

□ 倍

割合と百分率

帯グラフと円グラフ

答えは別さつ13ページ

1問20点

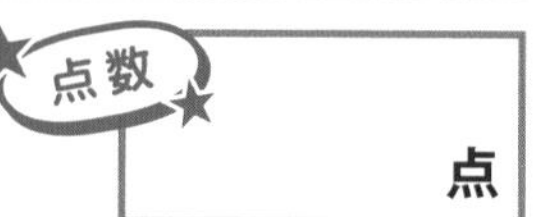

下の表は，ある学校の通学地区別の人数を表したものです。

通学地区別の人数

町	東町	西町	南町	北町	その他	合計
人数(人)	288	180	108	86	58	720
百分率（ひゃくぶんりつ）	40	㋐	㋑	㋒	8	100

西町…180÷720 を計算し，小数を百分率になおす。
北町…86÷720 を計算し，小数第三位を四捨五入（ししゃごにゅう）して百分率を整数で求める。

① それぞれの人数が，全体の何％になっているかを計算し，表に書き入れましょう。

② 表をもとにして，帯グラフにかきましょう。

通学地区別の人数の割合（わりあい）

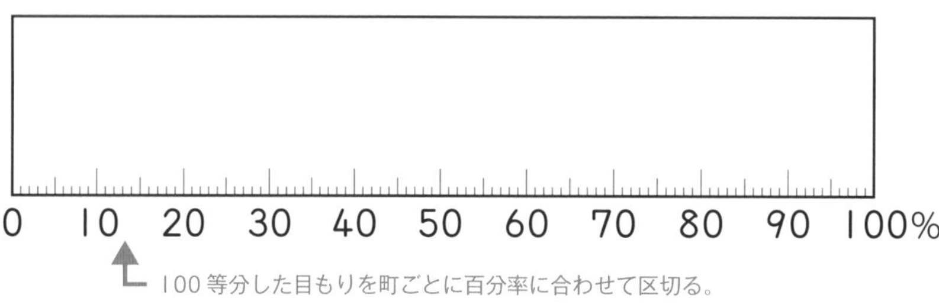

100等分した目もりを町ごとに百分率に合わせて区切る。

③ 表をもとにして，円グラフをかきましょう。

通学地区別の人数の割合

真上から，時計のはりの進む方向に，百分率の大きい順に，半径で区切る。

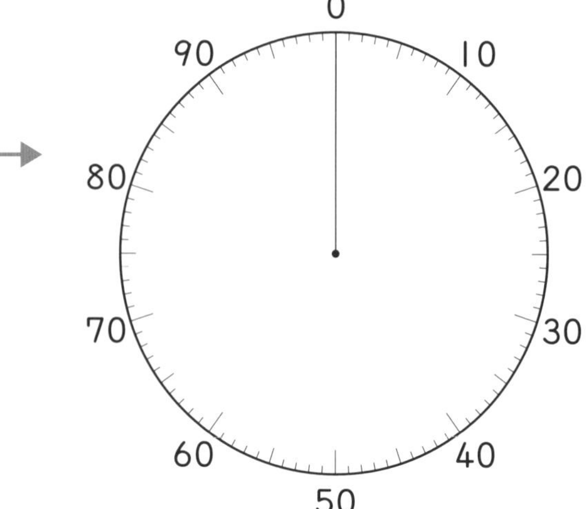

割合と百分率

帯グラフと円グラフ

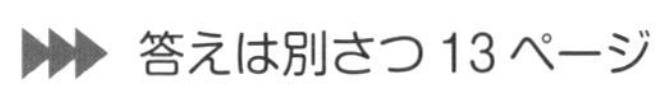

答えは別さつ 13 ページ

1 問 20 点

下の表は，ある学校で，好きなテレビ番組と人数を調べたものです。

好きなテレビ番組別の人数

番組	アニメ	ドラマ	バラエティー	スポーツ	その他	合計
人数（人）	34	21	14	6	10	85
百分率（ひゃくぶんりつ）	㋐	㋑	㋒	7	12	100

① それぞれの人数が，全体の何％になっているかを計算し，表に書き入れましょう。

② 表をもとにして，帯グラフにかきましょう。

好きなテレビ番組別の人数の割合（わりあい）

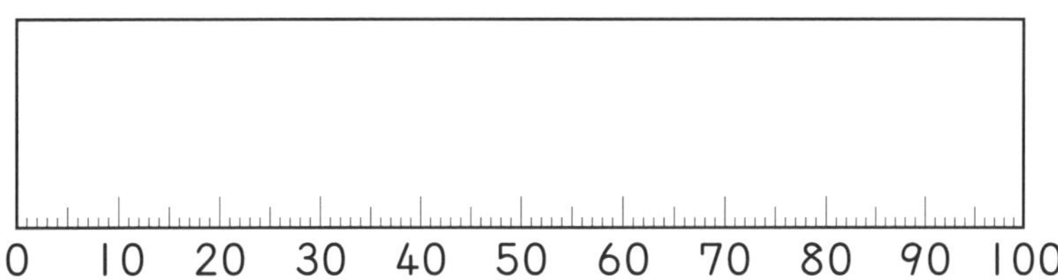

③ 表をもとにして，円グラフをかきましょう。

好きなテレビ番組別の人数の割合

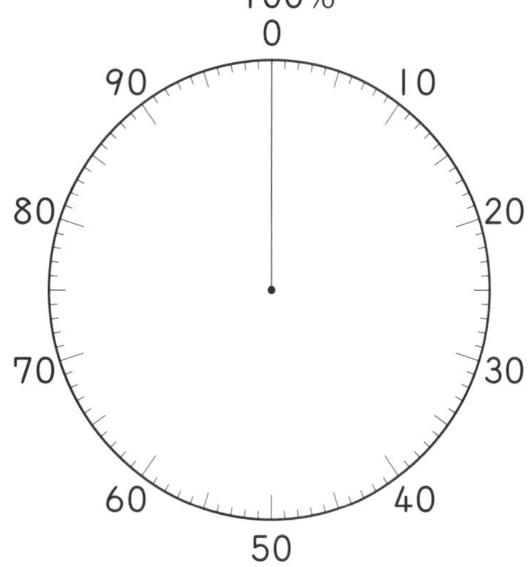

割合と百分率
2つの帯グラフ

答えは別さつ 13 ページ

①・②：1 問 30 点　③：40 点

点数　点

下の帯グラフは，東山小学校と西山小学校で調べた，好きなスポーツの人数の割合(わりあい)を表したものです。

好きなスポーツの人数の割合

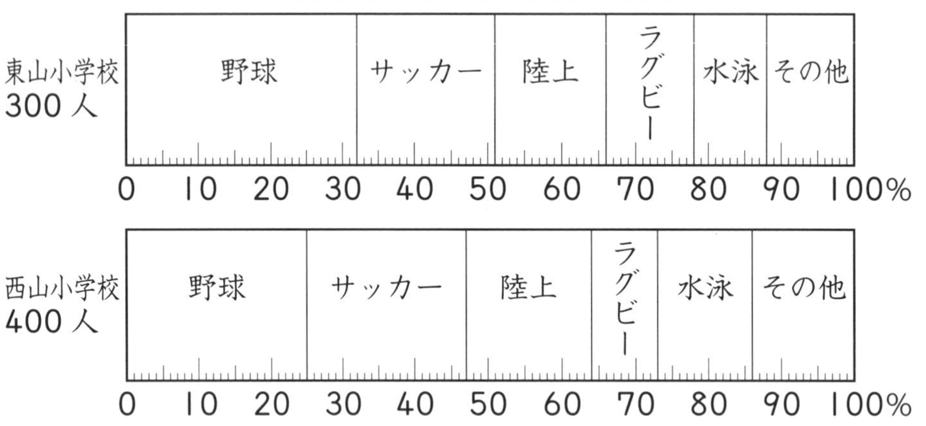

①野球が好きな人の割合が多いのは，東山小学校と西山小学校のどちらですか。

東山小学校は 32%
西山小学校は 25%

□小学校

②野球が好きな人の人数が多いのは，東山小学校，西山小学校のどちらですか。

全体の人数は，
東山小学校…300 人，西山小学校…400 人

□小学校

③サッカーが好きな人は，どちらの小学校が何人多いですか。

東山小学校は 19%
西山小学校は 22%

□小学校が□人多い

割合と百分率

2つの帯グラフ

答えは別さつ 13 ページ

①・②：1問30点　③：40点

点

下の帯グラフは，15 年前と今の北山小学校で調べた，将来(しょうらい)なりたい職業(しょくぎょう)の人数の割合(わりあい)を表したものです。

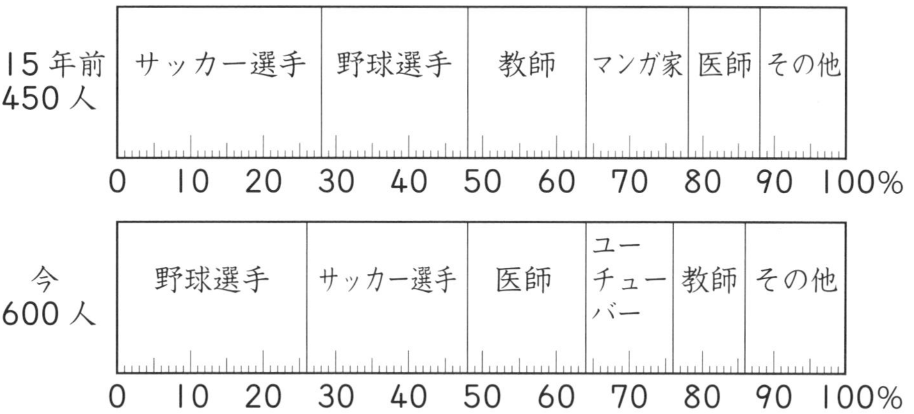

① サッカー選手になりたい人の割合が多いのは，15 年前と今のどちらですか。

② サッカー選手になりたい人の人数が多いのは，15 年前と今のどちらですか。

③ 15 年前と今とでは，教師になりたい人はどちらのほうが何人多いですか。

　　　のほうが　　　人多い

正多角形と円

正多角形

答えは別さつ 14 ページ

1 問 50 点

点

円を使って，次の正多角形をかきましょう。

① 正三角形

円の中心のまわりの角 360°を 3 等分して半径をひく。
半径のはしを直線でむすぶ。360°÷3＝120°

② 正五角形

円の中心のまわりの角 360°を 5 等分する。
360°÷5＝72°

覚えよう！

● 辺の長さがみな等しく，角の大きさもみな等しい多角形を
□ といいます。

正多角形と円

正多角形

答えは別さつ 14 ページ

①・②：1 問 30 点　③：40 点

円を使って，次の正多角形をかきましょう。

① 正六角形

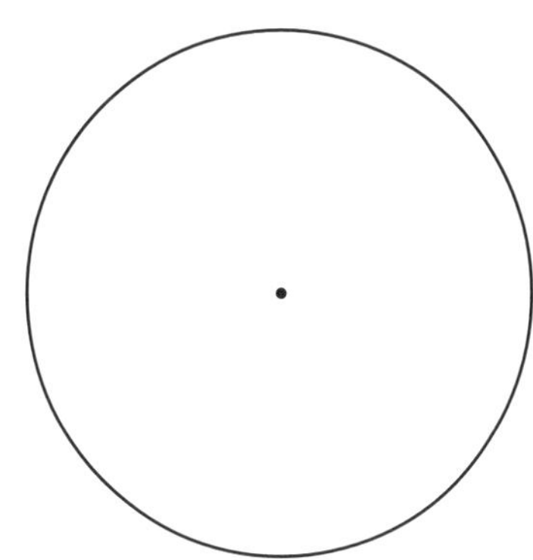

② 正八角形

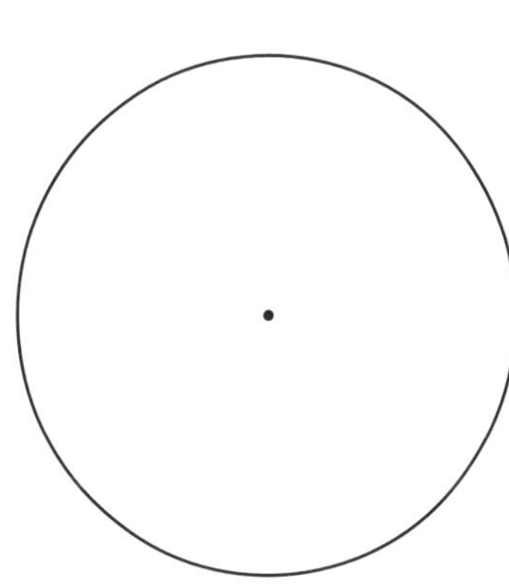

③ 正九角形

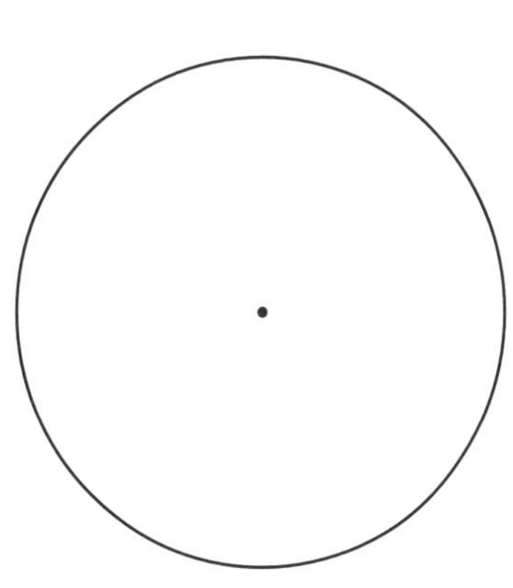

83 正多角形と円
円周と円周率

理解

答えは別さつ 14 ページ

1 問 25 点　点数　　点

次の長さを求めましょう。

① 直径 4 cm の円の円周 ← 直径 4 cm，円周率（えんしゅうりつ）3.14

（式）

答え ＿＿ cm

② 直径 12 cm の円の円周 ← 直径 12 cm

（式）

答え ＿＿ cm

③ 半径 5 cm の円の円周 ← 直径（5×2）cm

（式）

答え ＿＿ cm

④ 円周 18.84 cm の円の直径 ← 円の直径＝円周 ÷3.14（円周：18.84 cm）

（式）

答え ＿＿ cm

覚えよう！

● 円周 ＝ ＿＿ × ＿＿

正多角形と円

円周と円周率

答えは別さつ 14 ページ

1問20点

点

次の長さを求めましょう。

① 直径 5 cm の円の円周
（式）

答え ＿＿＿ cm

② 直径 16 cm の円の円周
（式）

答え ＿＿＿ cm

③ 半径 7 cm の円の円周
（式）

答え ＿＿＿ cm

④ 半径 10 cm の円の円周
（式）

答え ＿＿＿ cm

⑤ 円周 40.82 cm の円の直径
（式）

答え ＿＿＿ cm

正多角形と円のまとめ
ぬりえゲーム

▶▶▶答えは別さつ14ページ

円を使って正多角形をかきました。あ～おの角度を求めて，その角度のところをぬりましょう。何が出てくるかな？

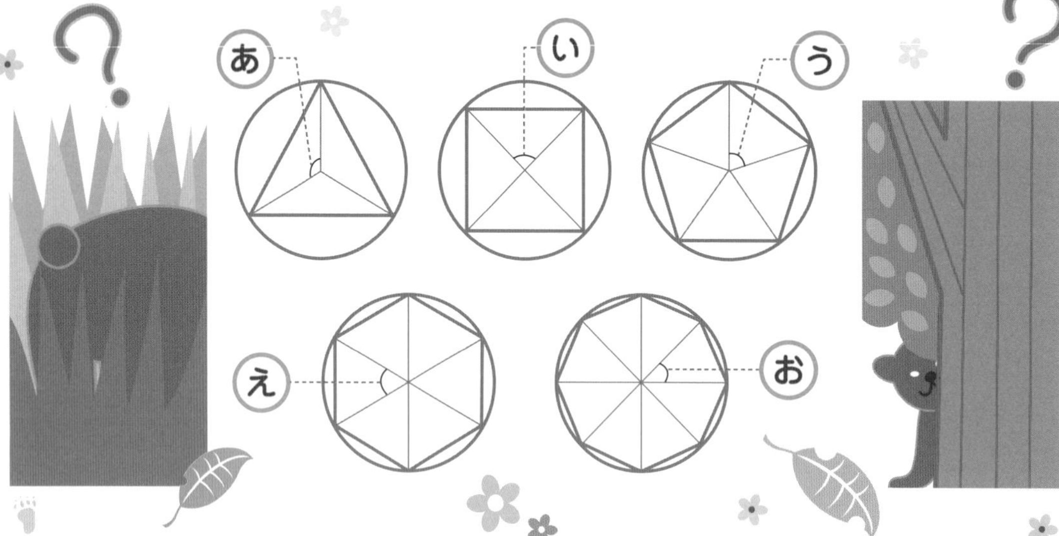

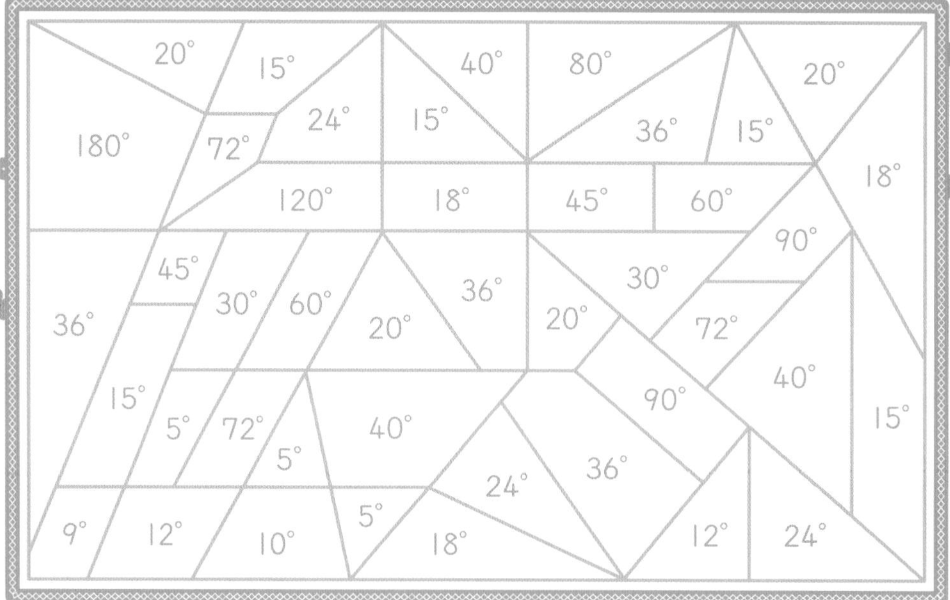

角柱と円柱

答えは別さつ 15 ページ

①～④：1 問 15 点　⑤・⑥：1 問 20 点

次の立体の名前を書きましょう。

① 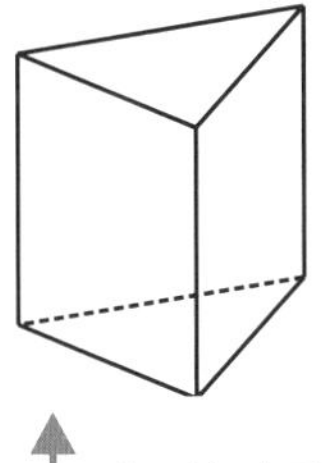

底面が三角形。

② 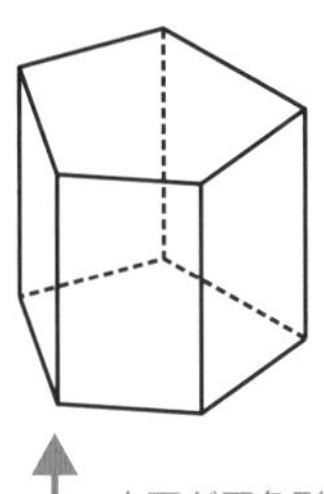

底面が五角形。

③ 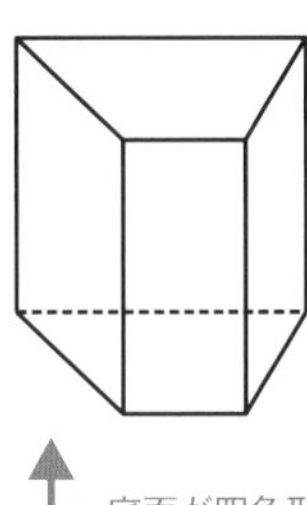

底面が四角形。

④ 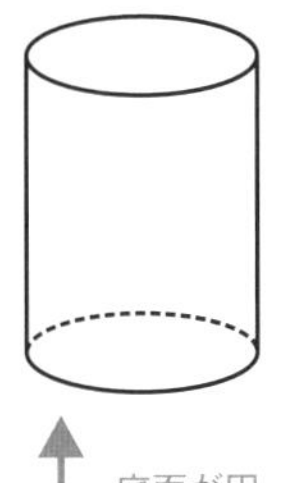

底面が円。

⑤ 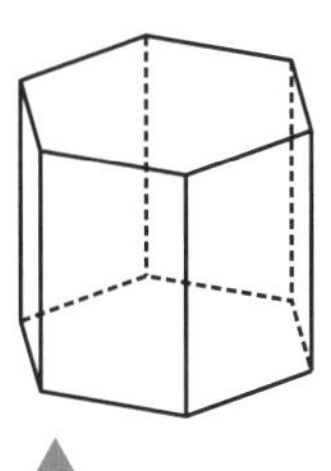

底面が六角形。

⑥ 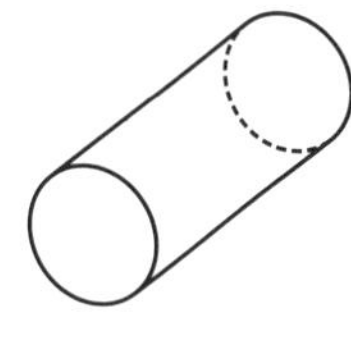

2 つの底面は円で平行。

覚えよう！

- 上の ①，②，③，⑤ のような立体を [　　　　] といいます。
- 上の ④，⑥ のような立体を [　　　　] といいます。

角柱と円柱

角柱と円柱

▶▶▶ 答えは別さつ 15 ページ

①～④：1 問 10 点　⑤～⑧：1 問 15 点

次の立体の名前を書きましょう。

①

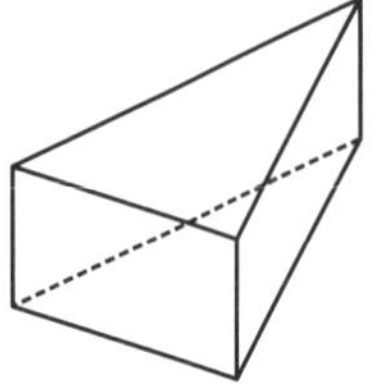

②

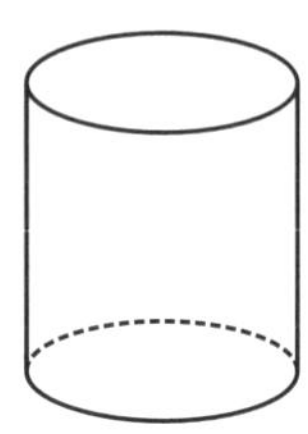

③

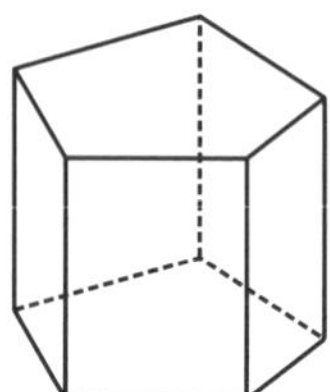

④

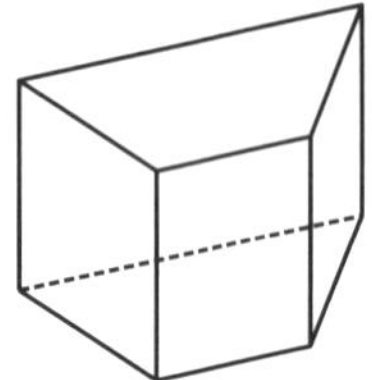

⑤

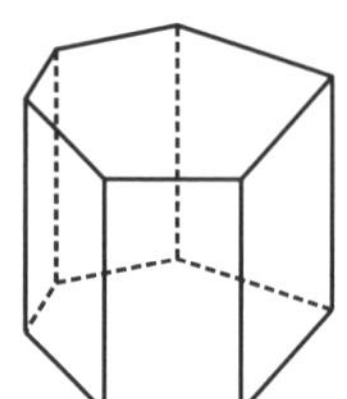

⑥

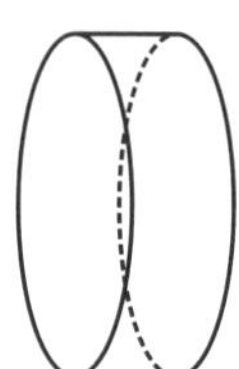

⑦

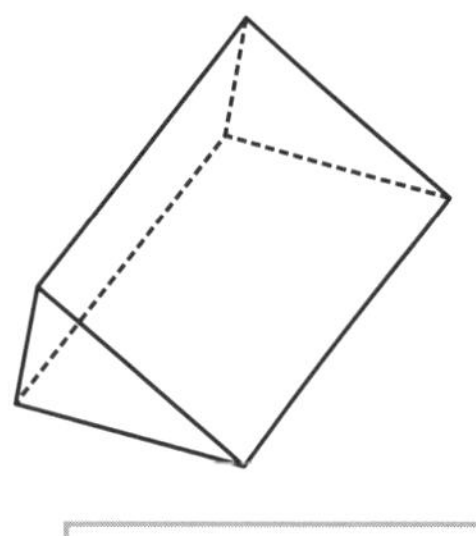

⑧

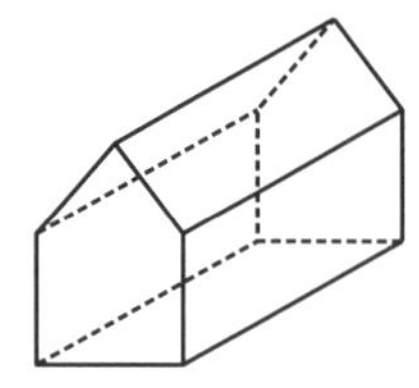

88 角柱と円柱 見取図

▶▶▶ 答えは別さつ 15 ページ

1 問 50 点

点数　　　　点

1 下の図の続きをかいて，三角柱の見取図を完成しましょう。

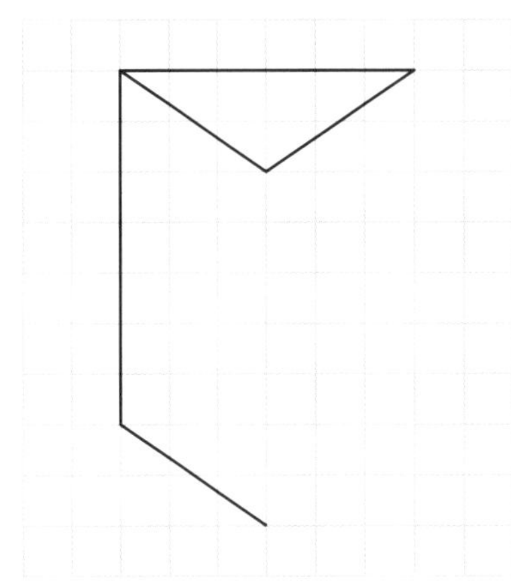

← 三角柱の平行な辺は平行にかき，見えない辺は点線でかく。

2 下の図の続きをかいて，円柱の見取図を完成しましょう。

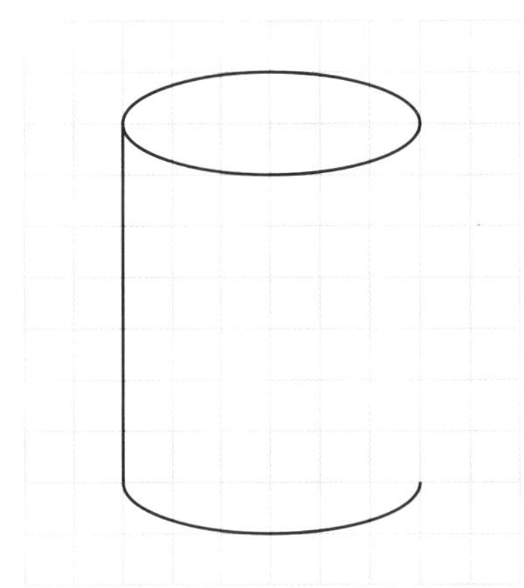

← 2 つの底面は，合同になるようにかく。

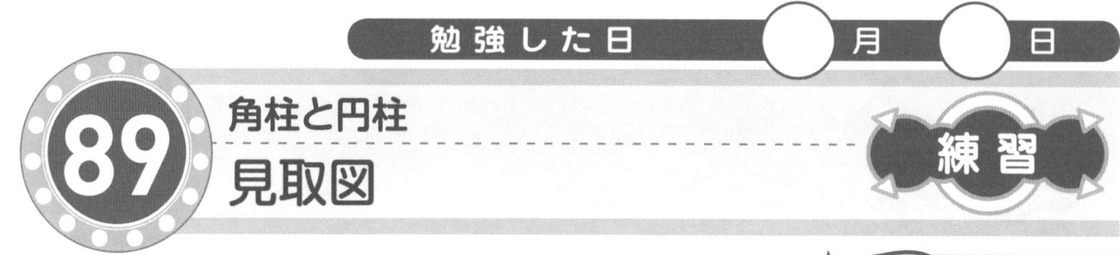

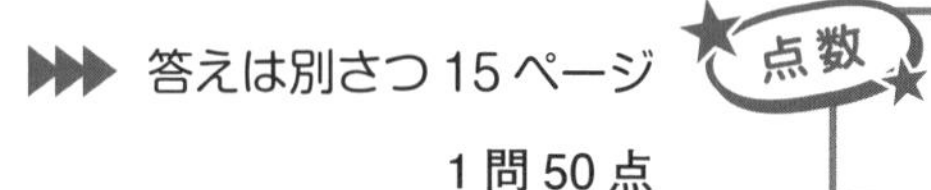

1 下の図の続きをかいて，四角柱の見取図を完成しましょう。

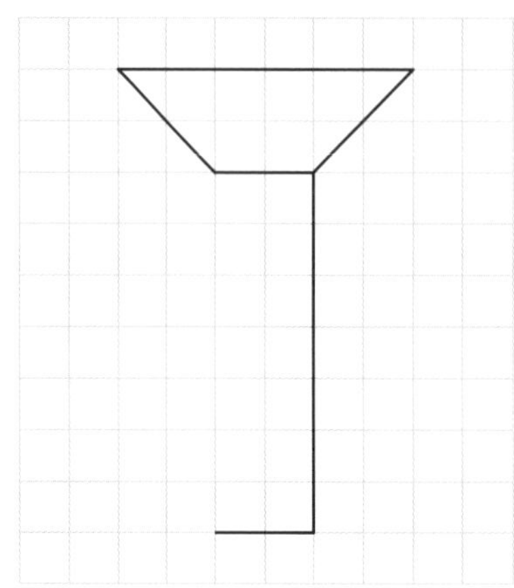

2 下の図の続きをかいて，円柱の見取図を完成しましょう。

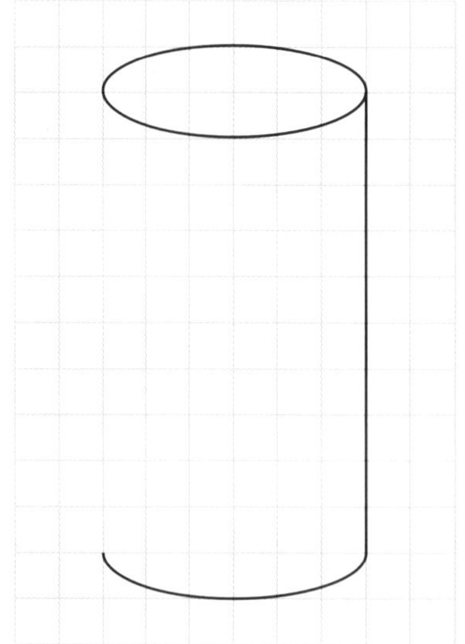

勉強した日　月　日

角柱と円柱

展開図

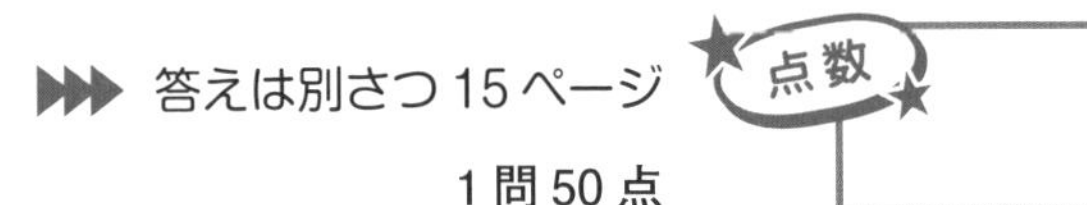

答えは別さつ 15 ページ

1 問 50 点

1 下の図のような三角柱の展開図（てんかいず）をかきます。下の図の続きをかいて，完成させましょう。

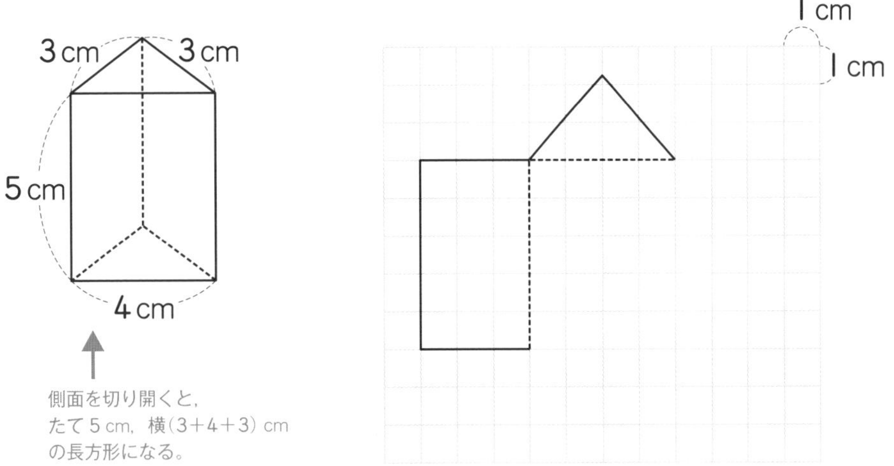

2 下の図のような円柱の展開図をかきます。下の図の続きをかいて，完成させましょう。

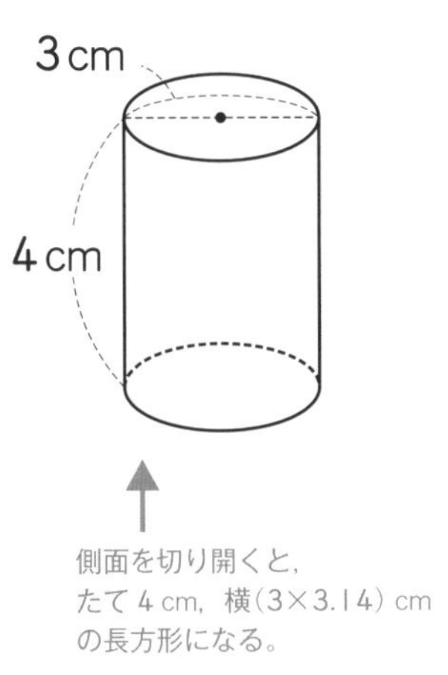

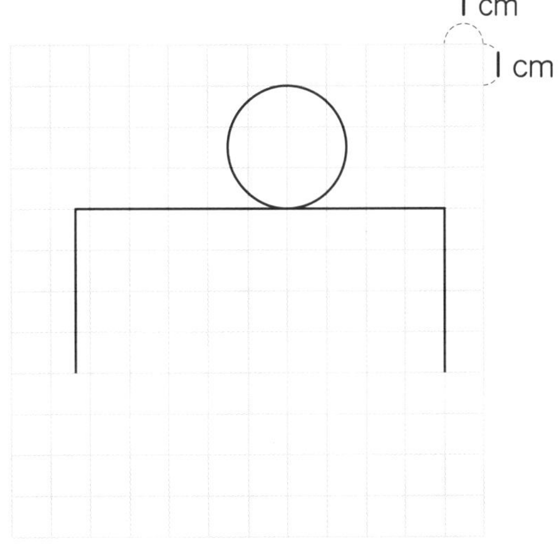

角柱と円柱

展開図

答えは別さつ16ページ

1問50点

1 下の図のような三角柱の展開図をかきます。下の図の続きをかいて，完成させましょう。

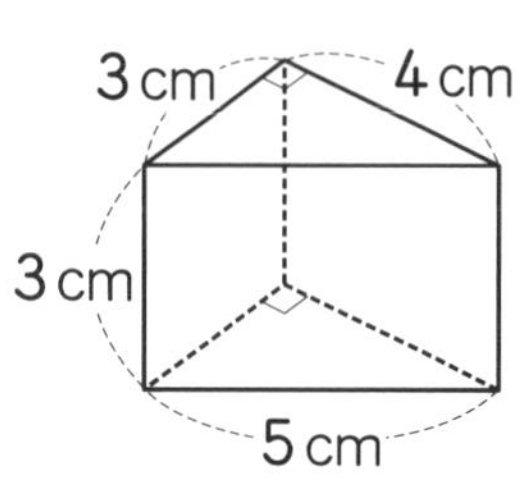

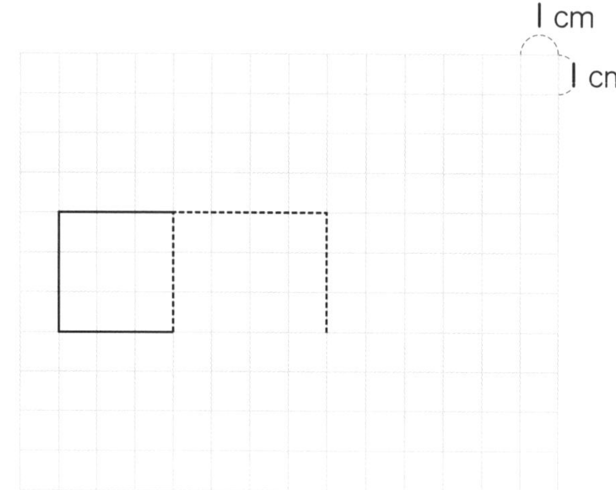

2 下の図のような円柱の展開図をかきます。下の図の続きをかいて，完成させましょう。

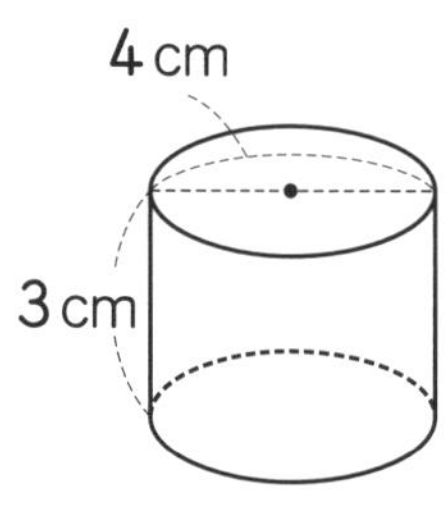

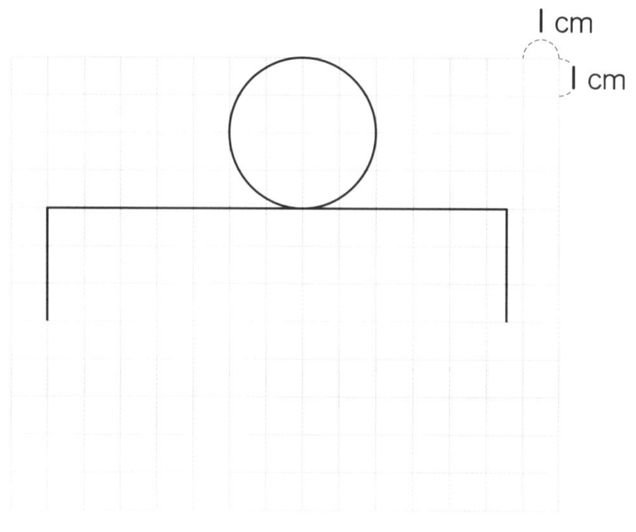

勉強した日　　月　　日

数量の関係を表す式

数量の関係を表す式

▶▶▶ 答えは別さつ 16 ページ

①・②：1 問 30 点　③：40 点

点数　　点

次の数量の関係を式に表します。

① 1 辺の長さが○ cm の正方形のまわりの長さを△ cm とします。○と△の関係を式に表しましょう。

正方形のまわりの長さ＝1 辺の長さ×辺の数
△(cm)　○(cm)　4(本)

△＝

② 長さ 120 cm のリボンのうち，○ cm を使うと，残りが△ cm になります。○と△の関係を式に表しましょう。

残りの長さ＝はじめの長さ－使った長さ
△(cm)　120(cm)　○(cm)

△＝

③ ひろしさんのお姉さんは，ひろしさんより 4 才年上で，ひろしさんとお姉さんのたん生日は同じです。
ひろしさんの年れいを○才，お姉さんの年れいを△才とします。○と△の関係を式に表しましょう。

お姉さんの年れい＝ひろしさんの年れい＋年れいのちがい
△(才)　○(才)　4(才)

△＝

数量の関係を表す式
数量の関係を表す式

▶▶▶ 答えは別さつ 16 ページ

①・②：1 問 30 点　③：40 点

点数　　点

次の数量の関係を式に表します。

① 底辺の長さが 6 cm の平行四辺形の，高さを○ cm，面積を△ cm^2 とします。○と△の関係を式に表しましょう。

△＝

② 2000 円持っていたとき，1 個(こ) 60 円のりんごを○個買うと，残りのお金は△円になりました。○と△の関係を式に表しましょう。

△＝

③ 1 個 300 円のケーキを○個買って，80 円の箱に入れてもらうときの代金を△円とします。○と△の関係を式に表しましょう。

△＝

答えとおうちのかた手引き

整数と小数
10 倍，100 倍，1000 倍した数

▶▶▶ 本さつ 4 ページ

①17.3　②924　③718　④6590
⑤387

覚えよう　1，2，右，1，2

ポイント

整数や小数を 10 倍，100 倍，1000 倍すると，小数点は右へ 1 けた，2 けた，3 けたうつります。

整数と小数
10 倍，100 倍，1000 倍した数

▶▶▶ 本さつ 5 ページ

①23.1　②895　③9.4　④42.17
⑤563　⑥3840　⑦76.2　⑧68
⑨3170　⑩45200　⑪579　⑫700

整数と小数
$\frac{1}{10}$，$\frac{1}{100}$，$\frac{1}{1000}$ の数

▶▶▶ 本さつ 6 ページ

①2.67　②0.694　③1.895
④0.451　⑤0.0943

覚えよう　1，2，左，1，2

ポイント

整数や小数を $\frac{1}{10}$，$\frac{1}{100}$，$\frac{1}{1000}$ にすると，小数点は左へ 1 けた，2 けた，3 けたうつります。

整数と小数
$\frac{1}{10}$，$\frac{1}{100}$，$\frac{1}{1000}$ の数

▶▶▶ 本さつ 7 ページ

①8.45　②0.624　③0.045
④1.539　⑤0.831　⑥0.0908
⑦0.0047　⑧0.7385　⑨0.0415
⑩0.00327

5

体積
直方体や立方体の体積

▶▶▶ 本さつ 8 ページ

①（式）　$8 \times 6 \times 4 = 192$　答え　192
②（式）　$9 \times 9 \times 9 = 729$　答え　729
③（式）　$10 \times 7 \times 2 = 140$　答え　140

覚えよう　たて，横，高さ，1 辺，1 辺，1 辺

ポイント

直方体の体積＝たて×横×高さ，立方体の体積＝1辺×1辺×1辺に，数をあてはめて計算します。

体積
直方体や立方体の体積

▶▶▶ 本さつ 9 ページ

①（式）　$7 \times 12 \times 5 = 420$　答え　420
②（式）　$8 \times 10 \times 13 = 1040$　答え　1040
③（式）　$6 \times 6 \times 6 = 216$　答え　216
④（式）　$4 \times 4 \times 4 = 64$　答え　64

7

体積
体積の単位

▶▶▶ 本さつ10ページ

①2000000　②30000000
③800　④4000　⑤15

覚えよう　dL，L，kL

ポイント

1 辺が 1 m の立方体の体積は，
$100 \times 100 \times 100 = 1000000$（$cm^3$）だから，
1 m^3＝1000000 cm^3 となります。

8 体積
体積の単位

▶▶▶ 本さつ11ページ

①5000000　②13000000
③80000000　④7　⑤18　⑥6000
⑦2000　⑧50　⑨30　⑩400

9 体積
いろいろな立体の体積

▶▶▶ 本さつ12ページ

①（式）　9×7×8＋9×6×3＝666

答え　666

②（式）　9×13×8－9×6×5＝666

答え　666

ポイント

直方体や立方体を合わせた形とみたり，大きな直方体や立方体の一部がかけた形とみたりして，それぞれの直方体や立方体の体積を求めて計算します。

2つの直方体に分けるときは，計算がかんたんになるように考えます。①，②のほかに右の図のように分けても求められます。

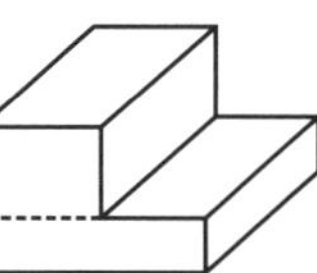

ここが ニガテ

2つの直方体に分けたあとの辺の長さをまちがえないように注意しましょう。

10 体積
いろいろな立体の体積

▶▶▶ 本さつ13ページ

①（式）　5×2×4＋5×3×3＝85

答え　85

②（式）　10×8×3－4×4×3＝192

答え　192

11 体積
容積

▶▶▶ 本さつ14ページ

1 ①（式）　80×60×20＝96000

答え　96000

②96

2 ①（式）　4×4×3＝48　　答え　48

②48000

覚えよう 容積（ようせき）

ポイント

容積は入れ物の内側の長さを使って求めます。

12 体積
容積

▶▶▶ 本さつ15ページ

1 ①（式）　40×60×30＝72000

答え　72000

②72

2 ①（式）　5×8×4＝160　　答え　160

②160000

13 体積のまとめ
暗号パズル

▶▶▶ 本さつ16ページ

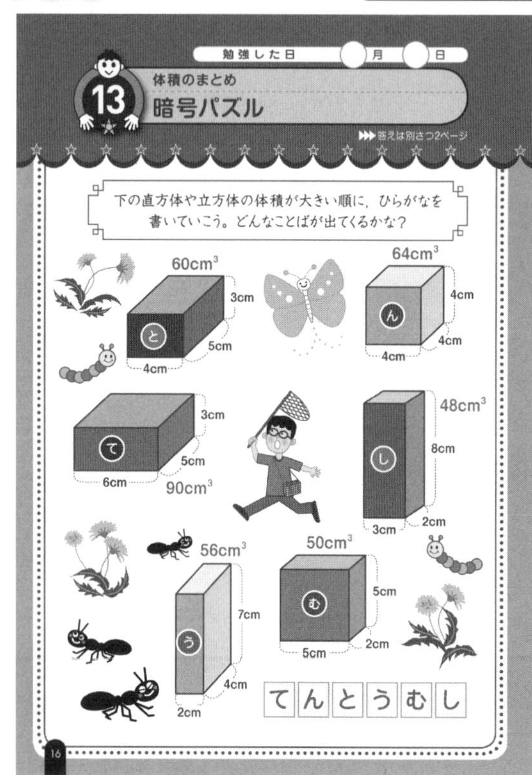

勉強した日　月　日

13 体積のまとめ
暗号パズル

▶▶▶ 答えは別さつ2ページ

下の直方体や立方体の体積が大きい順に，ひらがなを書いていこう。どんなことばが出てくるかな？

比例
比例

本さつ17ページ

1 ①左から，4，8，12，16，20
②比例している。

2 ①左から，11，10，9，8，7，6
②比例していない。

ポイント

1①水そうに1分間に4Lずつ水をためるので，水の量は，1分間に4Lずつふえます。
4×1=4，4×2=8，4×3=12，4×4=16，4×5=20と計算して表をうめます。
②表から，時間○分が2倍，3倍，…になると，水の量△Lも2倍，3倍，…になるので，○と△は比例しているといえます。

2①長さ12cmのろうそくは，1cmもえると残りの長さが1cm短くなります。つまり，○が1ずつふえると，△は1ずつへっています。
②表から，○が2倍，3倍，…になっても，△は2倍，3倍，…にならないので，○と△は比例していません。

15 比例
比例

本さつ18ページ

1 ①左から，60，120，180，240，300
②比例している。

2 ①左から，120，190，260，330，400
②比例していない。

ポイント

1○が1ずつふえると，△は60ずつふえます。表から，○が2倍，3倍，…になると，△も2倍，3倍，…になるので，○と△は比例しています。

2○が1ふえると，△は70ずつふえます。表から，○が2倍，3倍，…になっても，△は2倍，3倍，…にならないので，○と△は比例していません。

合同
合同①

本さつ19ページ

1 ㋐と㋓，㋒と㋔

2 ㋐と㋔，㋓と㋕

覚えよう 合同

ポイント

方眼の目もりで，まず辺の長さを比べます。うら返して重なっても合同です。また，回転させて重なっても合同です。

合同
合同①

本さつ20ページ

1 ㋐と㋕，㋑と㋒

2 ㋐と㋓，㋒と㋕

合同
合同②

本さつ21ページ

①FE　②3.8　③80

覚えよう 等しい(同じ)，等しい(同じ)

ポイント

まず，等しい角に目をつけて，対応する頂点を見つけます。合同な図形の対応する辺の長さや対応する角の大きさが等しいことから求めます。

合同
合同②

本さつ22ページ

①GH　②4　③99　④70

ポイント

㋐と㋑の四角形は合同で，対応する頂点は，頂点Aと頂点G，頂点Bと頂点H，頂点Cと頂点E，頂点Dと頂点Fです。

20 合同
合同な図形のかき方

▶▶▶本さつ23ページ

①

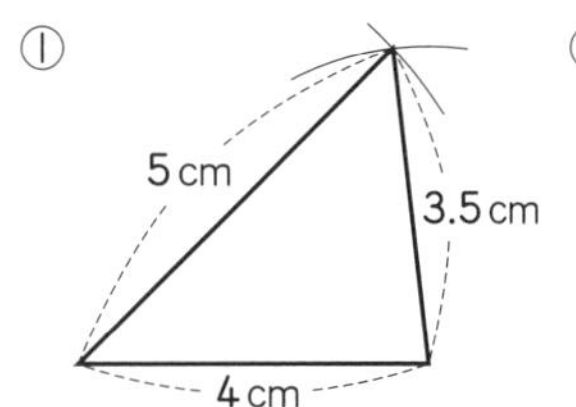

②

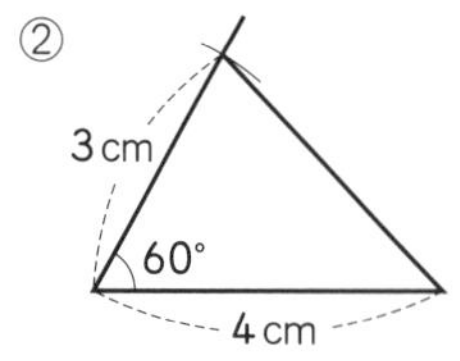

③

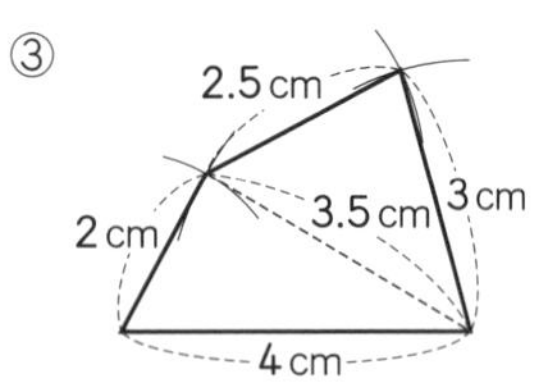

ポイント

合同な三角形は，次の辺の長さや角の大きさがわかればかけます。
①3 つの辺の長さ
②2 つの辺の長さと，その間の角の大きさ
③1 つの辺の長さと，その両はしの 2 つの角の大きさ
三角形の向きがちがっても正解です。
また，合同な四角形をかくには，対角線で 2 つの三角形に分け，三角形を順にかいていきます。

21 合同
合同な図形のかき方

▶▶▶本さつ24ページ

①

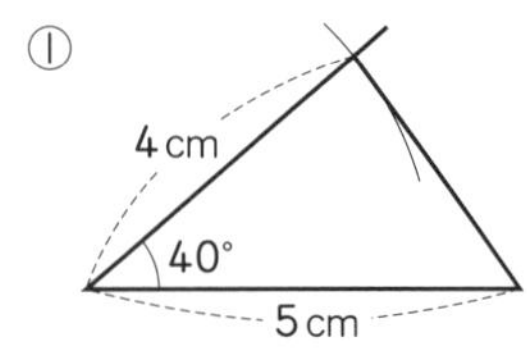

②

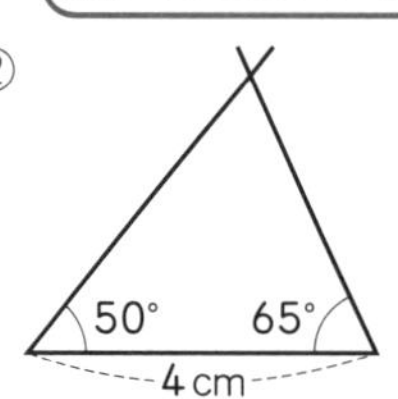

③

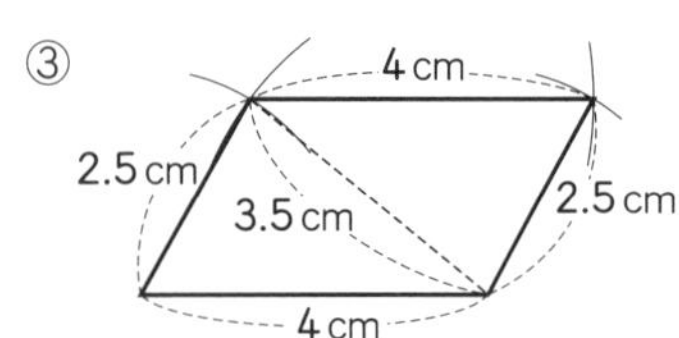

図形の角
三角形の角

▶▶▶本さつ25ページ

①(式)　180°−(50°＋55°)＝75°　答え　75

②(式)　180°−(35°＋120°)＝25°　答え　25

③(式)　180°−(30°＋45°)＝105°
　　180°−105°＝75°　答え　75

覚えよう　180

ポイント

三角形の 3 つの角の大きさの和は 180°だから，
三角形の 1 つの角 ＝180°−わかっている 2 つの角の大きさの和で求めます。

図形の角
三角形の角

▶▶▶本さつ26ページ

①(式)　180°−(75°＋50°)＝55°　答え　55

②(式)　180°−(20°＋130°)＝30°　答え　30

③(式)　180°−(50°＋45°)＝85°　答え　85

④(式)　180°−(75°＋60°)＝45°
　　180°−45°＝135°　答え　135

24 図形の角
四角形の角

▶▶▶本さつ27ページ

①(式)　360°−(110°＋100°＋70°)＝80°
　答え　80

②(式)　360°−(95°＋80°＋60°)＝125°
　答え　125

③(式)　360°−(150°＋45°＋75°)＝90°
　答え　90

覚えよう　360

ポイント

四角形の 4 つの角の大きさの和は 360°だから，
四角形の 1 つの角 ＝360°−わかっている 3 つの角の大きさの和で求められます。

図形の角
四角形の角

▶▶▶本さつ28ページ

①(式)　360°−(90°＋120°＋55°)＝95°
　答え　95

②(式)　360°−(80°＋100°＋65°)＝115°

答え　115

③(式)　360°−(125°+60°+130°)=45°

答え　45

④(式)　360°−(75°+110°+60°)=115°

答え　115

図形の角

多角形の角

理解

本さつ29ページ

1 ①2　②3　③540

2 ①4　②720

ポイント

多角形の角の大きさの和は，1つの頂点(ちょうてん)から対角線をひいて，三角形に分けて考えます。対角線で分けられる三角形の数は，(頂点の数)−2です。

図形の角

多角形の角

練習

本さつ30ページ

1 ①5　②900

2 ①6　②1080

偶数と奇数

偶数と奇数

理解

本さつ31ページ

①偶数(ぐうすう)　②偶数　③偶数　④奇数(きすう)

⑤奇数　⑥偶数　⑦偶数　⑧奇数

覚えよう　偶数，奇数

ポイント

それぞれの数を2でわってみます。
①16÷2=8 → わり切れるから，偶数
③0は偶数とします。
④31÷2=15あまり1 →わり切れないから，奇数

偶数と奇数

偶数と奇数

練習

本さつ32ページ

①偶数(ぐうすう)　②偶数　③奇数(きすう)　④奇数

⑤偶数　⑥奇数　⑦奇数　⑧偶数

⑨奇数　⑩偶数　⑪偶数　⑫奇数

ポイント

偶数か奇数かは，一の位の数字だけでも見分けられます。
・一の位の数字が偶数→その数は偶数
・一の位の数字が奇数→その数は奇数　です。

倍数と約数

倍数

理解

本さつ33ページ

①2，4，6　②3，6，9　③4，8，12

④5，10，15　⑤6，12，18

覚えよう　倍数

ポイント

もとの数を1倍，2倍，3倍します。
答えに，2，3など，もとの数を入れるのをわすれないようにしましょう。もとの数自身も倍数です。

倍数と約数

倍数

練習

本さつ34ページ

①7，14，21　②8，16，24

③9，18，27　④10，20，30

⑤12，24，36　⑥15，30，45

⑦16，32，48　⑧18，36，54

倍数と約数

公倍数と最小公倍数

理解

本さつ35ページ

①公倍数…6，12，18　最小公倍数…6

②公倍数…12，24，36　最小公倍数…12

③公倍数…20，40，60　最小公倍数…20

覚えよう　公倍数，最小公倍数

ポイント

公倍数を見つけるには，大きいほうの数の倍数を小さい順に書いて，その中で小さい数の倍数であるものを見つけます。公倍数の中でいちばん小さい数が最小公倍数です。
①3の倍数：3，6，9，12，15，18，21，…
の中から2の倍数を見つけます。6，12，18，…
③5の倍数：5，10，15，20，25，30，35，40，45，50，55，60，…
の中から4の倍数を見つけます。20，40，60，…

33 倍数と約数　公倍数と最小公倍数

本さつ36ページ

①公倍数…15，30，45　最小公倍数…15
②公倍数…14，28，42　最小公倍数…14
③公倍数…30，60，90　最小公倍数…30
④公倍数…12，24，36　最小公倍数…12

34 倍数と約数　約数

本さつ37ページ

①1，2，3，6　②1，2，4，8
③1，3，9　④1，2，3，4，6，12
⑤1，2，4，8，16

覚えよう　約数

ポイント

約数を見つけるには，その数をわり切れる数を見つけます。
④12÷1＝12，12÷2＝6，12÷3＝4，12÷4＝3，12÷6＝2，12÷12＝1 だから，12の約数は，1，2，3，4，6，12です。

35 倍数と約数　約数

練習

本さつ38ページ

①1，2，4　②1，5　③1，2，5，10
④1，2，3，6，9，18
⑤1，2，3，4，6，8，12，24
⑥1，3，5，15　⑦1，3，7，21
⑧1，2，3，4，6，9，12，18，36

36 倍数と約数　公約数と最大公約数

本さつ39ページ

①公約数…1，2，3，6　最大公約数…6
②公約数…1，2，3，6　最大公約数…6
③公約数…1，2，4　最大公約数…4

覚えよう　公約数，最大公約数

ポイント

公約数の求め方は，小さいほうの数の約数を考えて，その中で，大きいほうの数の約数になっているものを見つけます。
②12の約数：1，2，3，4，6，12
この中から18の約数を見つけます。
12と18の公約数：1，2，3，6

37 倍数と約数　公約数と最大公約数

本さつ40ページ

①公約数…1，3，9　最大公約数…9
②公約数…1，2，4　最大公約数…4
③公約数…1，3　最大公約数…3
④公約数…1，7　最大公約数…7

38 約分と通分　約分

理解

本さつ41ページ

①$\frac{1}{3}$　②$\frac{2}{5}$　③$\frac{2}{3}$　④$\frac{3}{5}$

⑤$\frac{3}{5}$　⑥$\frac{1}{4}$　⑦$\frac{8}{9}$　⑧$\frac{3}{4}$

ポイント

分数の分母と分子をそれらの公約数でわって，分母の小さい分数にすることを約分するといいます。約分するときは，ふつう分母をできるだけ小さくします。分母と分子の最大公約数でわると，一度に約分できます。
③8と12の最大公約数4でわります。

$$\frac{8}{12}=\frac{8÷4}{12÷4}=\frac{2}{3}$$

39 約分と通分
約分

▶▶▶ 本さつ42ページ

① $\frac{1}{4}$　② $\frac{3}{8}$　③ $\frac{3}{4}$　④ $\frac{4}{7}$　⑤ $\frac{1}{4}$

⑥ $\frac{2}{5}$　⑦ $\frac{1}{3}$　⑧ $\frac{5}{6}$　⑨ $\frac{3}{4}$　⑩ $\frac{5}{8}$

40 約分と通分
通分

▶▶▶ 本さつ43ページ

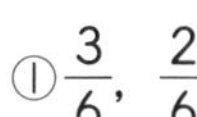

① $\frac{3}{6}$, $\frac{2}{6}$　② $\frac{4}{12}$, $\frac{3}{12}$　③ $\frac{5}{20}$, $\frac{8}{20}$

④ $\frac{5}{10}$, $\frac{4}{10}$　⑤ $\frac{10}{15}$, $\frac{6}{15}$　⑥ $\frac{6}{8}$, $\frac{1}{8}$

⑦ $\frac{3}{12}$, $\frac{10}{12}$　⑧ $\frac{20}{24}$, $\frac{9}{24}$

ポイント

分母のちがう分数を，共通な分母の分数になおすことを通分するといいます。通分するときは，ふつう分母の最小公倍数が共通な分母になるようにします。

⑦4と6の最小公倍数の12を分母にします。

$\frac{1}{4} = \frac{3}{12}$（分母・分子に×3），$\frac{5}{6} = \frac{10}{12}$（分母・分子に×2）

41 約分と通分
通分

▶▶▶ 本さつ44ページ

① $\frac{2}{4}$, $\frac{1}{4}$　② $\frac{10}{15}$, $\frac{9}{15}$　③ $\frac{15}{20}$, $\frac{8}{20}$

④ $\frac{9}{12}$, $\frac{10}{12}$　⑤ $\frac{4}{18}$, $\frac{3}{18}$　⑥ $\frac{14}{20}$, $\frac{5}{20}$

⑦ $\frac{8}{36}$, $\frac{27}{36}$　⑧ $\frac{9}{24}$, $\frac{10}{24}$

42 分数と小数
わり算と分数

▶▶▶ 本さつ45ページ

① $\frac{1}{3}$　② $\frac{5}{8}$　③ $\frac{4}{9}$　④ $\frac{3}{7}$

⑤ $\frac{7}{4}$　⑥ $\frac{9}{8}$

覚えよう 分数

ポイント

整数どうしのわり算の商は，わられる数を分子，わる数を分母とする分数で表されます。

43 分数と小数
わり算と分数

▶▶▶ 本さつ46ページ

① $\frac{2}{5}$　② $\frac{4}{7}$　③ $\frac{7}{9}$　④ $\frac{3}{10}$　⑤ $\frac{5}{6}$

⑥ $\frac{8}{17}$　⑦ $\frac{5}{4}$　⑧ $\frac{6}{5}$　⑨ $\frac{8}{7}$　⑩ $\frac{14}{9}$

44 分数と小数
分数と小数，整数

▶▶▶ 本さつ47ページ

1 ① 0.5　② 0.4　③ 0.75　④ 1.25

2 ① 3　② 17　③ 19　④ 6

覚えよう 分母

ポイント

1 分数を小数で表すには，分子を分母でわります。

2 小数を分数で表すには，$0.1=\frac{1}{10}$，$0.01=\frac{1}{100}$，$0.001=\frac{1}{1000}$ をもとにして考えます。

45 分数と小数
分数と小数，整数

▶▶▶ 本さつ48ページ

1 ① 0.25　② 0.8　③ 0.375

④ 1.75　⑤ 0.67　⑥ 0.83

2 ① $\frac{7}{10}$　② $\frac{23}{100}$　③ $\frac{207}{100}$　④ $\frac{19}{1}$

分数と小数のまとめ

46 めいろゲーム

▶▶▶本さつ49ページ

面積

47 平行四辺形の面積

▶▶▶本さつ50ページ

①（式） 6×4＝24 答え 24

②（式） 3×7＝21 答え 21

③（式） 10×8＝80 答え 80

覚えよう 底辺，高さ

ポイント

②高さが平行四辺形の外にでていることもあります。
③高さを 9 cm と考えて，10×9＝90（cm²）としないように注意します。高さは底辺に垂直であることをわすれないようにしましょう。

面積

48 平行四辺形の面積

▶▶▶本さつ51ページ

①（式） 5×4＝20 答え 20

②（式） 10×15＝150 答え 150

③（式） 15×12＝180 答え 180

④（式） 4×7＝28 答え 28

面積

49 三角形の面積

▶▶▶本さつ52ページ

①（式） 8×6÷2＝24 答え 24

②（式） 15×12÷2＝90 答え 90

③（式） 6×8÷2＝24 答え 24

覚えよう 底辺，高さ，2

ポイント

②は，高さがわかりにくいです。高さは底辺と垂直になっています。15 cm の辺を底辺とすると，高さは 12 cm です。13 cm の辺を高さと考えて，15×13÷2＝97.5（cm²）としないように注意しましょう。

面積

50 三角形の面積

▶▶▶本さつ53ページ

①（式） 8×5÷2＝20 答え 20

②（式） 10×8÷2＝40 答え 40

③（式） 20×12÷2＝120 答え 120

④（式） 10×3÷2＝15 答え 15

面積

51 台形の面積

▶▶▶本さつ54ページ

①（式） （6＋10）×7÷2＝56 答え 56

②（式） （4＋8）×3÷2＝18 答え 18

③（式） （3＋8）×4÷2＝22 答え 22

覚えよう 上底，下底，高さ，2

ポイント

台形は，上底と下底が平行で，上底，下底に垂直な直線の長さが高さです。
③上底が 3 cm，下底が 8 cm，高さが 4 cm です。

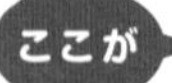 

台形の面積＝（上底＋下底）×高さ÷2 をしっかり覚えておきましょう。高さをとりちがえないようにしましょう。

52 面積 台形の面積

▶▶▶本さつ55ページ

①(式)　(5＋9)×4÷2＝28　　答え　28

②(式)　(4＋7)×6÷2＝33　　答え　33

③(式)　(6＋7)×4÷2＝26　　答え　26

53 面積 ひし形の面積

▶▶▶本さつ56ページ

①(式)　5×8÷2＝20　　答え　20

②(式)　(2×2)×9÷2＝18　　答え　18

③(式)　(3×2)×(6×2)÷2＝36　　答え　36

覚えよう　対角線，対角線，2

ポイント

ひし形の面積は，右の図のような点線の長方形の面積の半分になります。

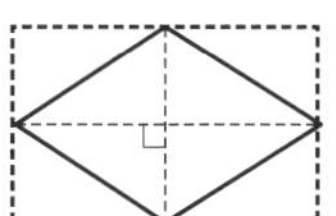

ひし形の面積
＝長方形の面積÷2
＝一方の対角線×もう一方の対角線÷2

54 面積 ひし形の面積

▶▶▶本さつ57ページ

①(式)　4×8÷2＝16　　答え　16

②(式)　12×20÷2＝120　　答え　120

③(式)　(5×2)×14÷2＝70　　答え　70

④(式)　(4×2)×(10×2)÷2＝80　　答え　80

55 平均 平均

▶▶▶本さつ58ページ

①(式)　(13＋19＋18＋14)÷4＝16
答え　16

②(式)　(4＋10＋11＋9＋8)÷5＝8.4
答え　8.4

③(式)　(3.8＋1.4＋4.7＋4.5)÷4＝3.6
答え　3.6

④(式)　(5＋0＋8＋3＋6)÷5＝4.4
答え　4.4

覚えよう　合計，個数

ポイント

平均を求めると，本数，人数でも小数になることがあります。
④は，平均の人数を求めるから，0人も個数に入れて，合計を5でわります。

56 平均 平均

▶▶▶本さつ59ページ

①(式)　(11＋10＋13＋14)÷4＝12
答え　12

②(式)　(5＋4＋8＋5＋6)÷5＝5.6
答え　5.6

③(式)　(1.5＋1.9＋1.6＋1.8)÷4＝1.7
答え　1.7

④(式)　(62＋54＋57＋58＋60)÷5＝58.2
答え　58.2

⑤(式)　(5＋3＋0＋4＋7)÷5＝3.8
答え　3.8

⑥(式)　(9＋7＋5＋0＋4＋8)÷6＝5.5
答え　5.5

57 単位量あたりの大きさ 単位量あたりの大きさ

▶▶▶本さつ60ページ

①㋐　(式)　A…9÷6＝1.5
B…8÷5＝1.6　　答え　B

㋑　(式)　A…6÷9＝0.666…
B…5÷8＝0.625　　答え　B

②(式)　20100÷30＝670　　答え　670

覚えよう　人口密度

ポイント

①こみぐあいは，単位量あたりの大きさを求めて比べます。
・１m^2あたりのうさぎの数＝うさぎの数÷面積
・うさぎ１ぴきあたりの面積＝面積÷うさぎの数

②人口密度とは，１km^2あたりの人口のことです。人口密度＝人口÷面積(km^2)で求めます。

こみぐあいを比べるときに，面積と個数のどちらの単位量あたりの大きさで比べるかで，単位量あたりの大きさが，大きい方がこんでいるか，小さい方がこんでいるかが変わります。まちがえないように注意しましょう。

58 単位量あたりの大きさ　単位量あたりの大きさ　練習

本さつ61ページ

①㋐（式）　１組…120÷24＝5

2組…168÷35＝4.8

答え　１組

㋑（式）　１組…24÷120＝0.2

2組…35÷168＝0.208…

答え　１組

②（式）　354800÷400＝887　　答え　887

③（式）　A…360÷30＝12

B…425÷34＝12.5　　答え　B

59 単位量あたりの大きさのまとめ　ゴールにいる動物は？

本さつ62ページ

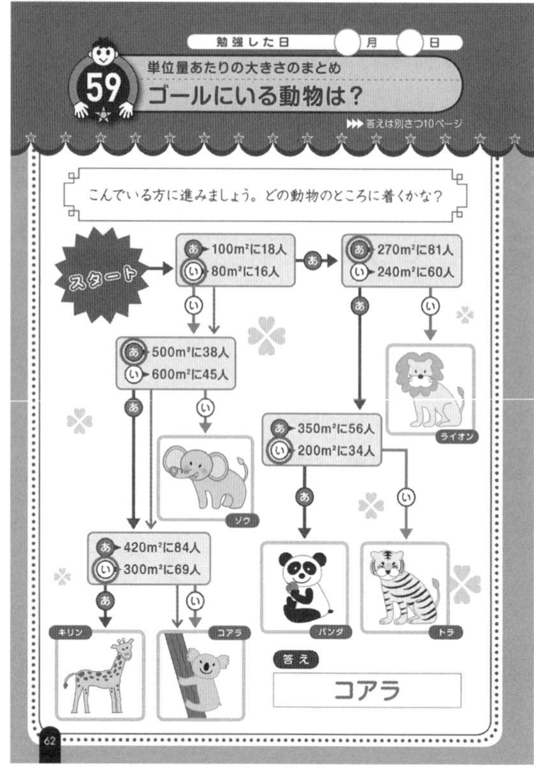

60 速さ　速さの求め方

本さつ63ページ

1 ①（式）　80÷2＝40　　答え　40

②（式）　300÷6＝50　　答え　50

③（式）　140÷7＝20　　答え　20

2 540

覚えよう　道のり，時間

ポイント

速さは，単位時間に進んだ道のりで表し，次の式で求めることができます。
速さ＝道のり÷時間

61 速さ　速さの求め方

本さつ64ページ

1 ①（式）　260÷4＝65　　答え　65

②（式）　490÷7＝70　　答え　70

③（式）　1700÷5＝340　　　答え　340

2 ①750　②2　③9　④15

ポイント

2 ①45 km＝45000 m，1 時間＝60 分 だから，45000÷60＝750 より，分速 750 m

62 速さ　道のりの求め方

▶▶▶ 本さつ65ページ

①（式）　45×2＝90　　　答え　90

②（式）　50×12＝600　　　答え　600

③（式）　6×8＝48　　　答え　48

覚えよう 速さ，時間

ポイント

道のりは，次の式で求めることができます。
道のり＝速さ×時間

63 速さ　道のりの求め方

▶▶▶ 本さつ66ページ

①（式）　42×4＝168　　　答え　168

②（式）　110×2＝220　　　答え　220

③（式）　300×6＝1800　　　答え　1800

④（式）　200×5＝1000　　　答え　1000

⑤（式）　340×20＝6800　　　答え　6800

64 速さ　時間の求め方

▶▶▶ 本さつ67ページ

①（式）　180÷30＝6　　　答え　6

②（式）　1500÷250＝6　　　答え　6

③（式）　600÷4＝150　　　答え　150

覚えよう 道のり，速さ

ポイント

時間は，次の式で求めることができます。
時間＝道のり÷速さ

65 速さ　時間の求め方

▶▶▶ 本さつ68ページ

①（式）　105÷35＝3　　　答え　3

②（式）　360÷90ー4　　　答え　4

③（式）　3000÷200＝15　　　答え　15

④（式）　4000÷500＝8　　　答え　8

⑤（式）　135÷27＝5　　　答え　5

66 割合と百分率　割合と百分率①

▶▶▶ 本さつ69ページ

1 ①40　②5　③125　④3，5

2 ①0.03　②1.6　③0.183　④0.24

覚えよう 百分率（ひゃくぶんりつ）…10%，1%
歩合（ぶあい）…1 割，1 分

ポイント

百分率は，もとにする量を 100 とみたときの割（わり）合（あい）の表し方です。
小数を百分率になおすには，小数で求めた割合を 100 倍します。
0.01 → 1%，0.1 → 10%，1 → 100%
百分率を小数になおすには，百分率（%）を 100 でわります。

67 割合と百分率　割合と百分率①

▶▶▶ 本さつ70ページ

①（式）　56÷80＝0.7　　　答え　70

②（式）　270÷360＝0.75　　　答え　75

③（式）　9÷75＝0.12　　　答え　12

覚えよう 比（くら）べられる量，もとにする量

ポイント

割合（わりあい）＝比べられる量÷もとにする量　にあてはめて計算し，小数で表された割合を百分率になおして答えます。

68 割合と百分率　割合と百分率①

▶▶▶ 本さつ71ページ

1 ①70　②145　③45.1　④6，2

⑤0.09　⑥1.2　⑦0.231　⑧0.06

2 ①(式)　24÷30=0.8　答え　80

②(式)　81÷180=0.45　答え　45

割合と百分率

69 割合と百分率②

▶▶▶本さつ72ページ

①(式)　70×0.3=21　答え　21

②(式)　160×0.45=72　答え　72

③(式)　250×0.68=170　答え　170

 もとにする量，割合(わりあい)

割合と百分率

70 割合と百分率②

▶▶▶本さつ73ページ

①(式)　95×0.4=38　答え　38

②(式)　170×0.9=153　答え　153

③(式)　380×0.6=228　答え　228

④(式)　160×0.85=136　答え　136

⑤(式)　350×0.48=168　答え　168

⑥(式)　650×0.54=351　答え　351

割合と百分率

71 割合と百分率③

理解

▶▶▶本さつ74ページ

①(式)　18÷0.6=30　答え　30

②(式)　64÷0.4=160　答え　160

③(式)　60÷0.24=250　答え　250

覚えよう　比(くら)べられる量，割合(わりあい)

もとにする量=比べられる量÷割合　にあてはめて計算します。百分率(ひゃくぶんりつ)は小数になおして計算します。

ここが ニガテ

割合と1つの数量がわかっていて，もう1つの数量を求めるとき，比べられる量を求めるのか，もとにする量を求めるのかを，しっかりたしかめることがたいせつです。まちがえやすいので注意しましょう。

割合と百分率

72 割合と百分率③

▶▶▶本さつ75ページ

①(式)　48÷0.8=60　答え　60

②(式)　45÷0.3=150　答え　150

③(式)　99÷0.55=180　答え　180

④(式)　204÷0.85=240　答え　240

⑤(式)　18÷0.12=150　答え　150

割合と百分率

73 帯グラフ

▶▶▶本さつ76ページ

①34　②14　③$\frac{1}{5}$

④(式)　400×0.16=64　答え　64

ポイント

1目もりは1%を表しているから，各部分の目もりを読みとります。
理科…55−34=21(%)，社会…71−55=16(%)，図かん…85−71=14(%)。

割合と百分率

74 帯グラフ

▶▶▶本さつ77ページ

①39　②15　③$\frac{1}{4}$

④(式)　700×0.15=105　答え　105

ポイント

③ 南町は26%だから，全体の$\frac{26}{100}$で，約$\frac{1}{4}$。

④ 東町は15%だから，15%→0.15として，比(くら)べられる量=もとにする量×割合(わりあい)　の式にあてはめて求めます。

75 円グラフ

▶▶▶本さつ78ページ

①40　②14　③10　④5

ポイント

1目もりは1%を表しているから，
食費…40%，住居費…54−40＝14(%)
ひ服費…64−54＝10(%)，
教育費…72−64＝8(%) です。
④40÷8＝5(倍)

割合と百分率 円グラフ

本さつ79ページ

①44　② $\frac{1}{4}$　③14　④2

割合と百分率 帯グラフと円グラフ

本さつ80ページ

① ㋐25　㋑15　㋒12

②

③

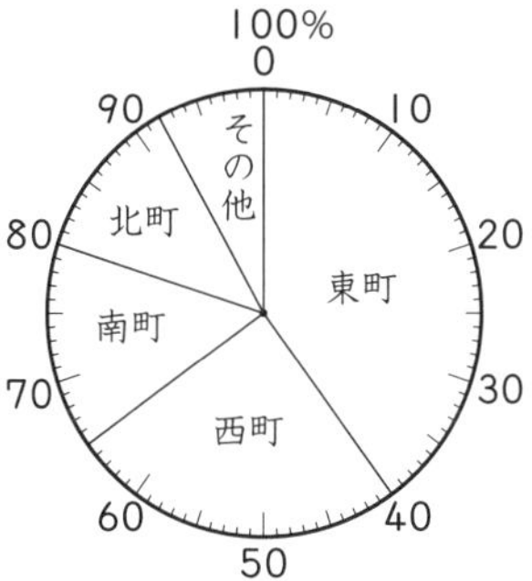

ポイント

全体をもとにした，それぞれの人数の割合を求め，百分率で表します。
西町…180÷720＝0.25 → 25%
南町…108÷720＝0.15 → 15%
北町…86÷720＝0.119 → 12%
その他…58÷720＝0.080 → 8%となります。
帯グラフでは，ふつう左から百分率の大きい順に区切っていき，「その他」は百分率の大きさに関係なく，いちばんあとにします。
円グラフは，真上から，時計のはりの進む方向に，ふつう百分率の大きい順に，半径で区切ります。

78 割合と百分率

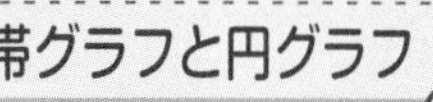

帯グラフと円グラフ

本さつ81ページ

① ㋐40　㋑25　㋒16

②

③

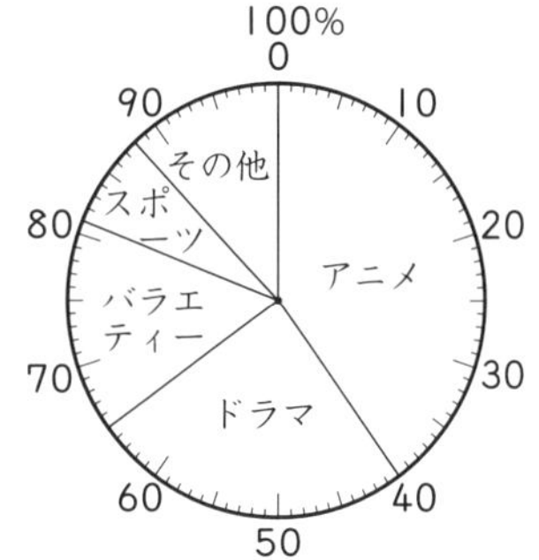

割合と百分率 2つの帯グラフ

本さつ82ページ

①東山　②西山　③西山，31

ポイント

それぞれの小学校で，サッカーが好きな人の人数を求めます。
東山小学校…300×0.19＝57
西山小学校…400×0.22＝88
となります。

割合と百分率 2つの帯グラフ

本さつ83ページ

①15年前　②今　③15年前，12

正多角形と円
81 正多角形

本さつ84ページ

① 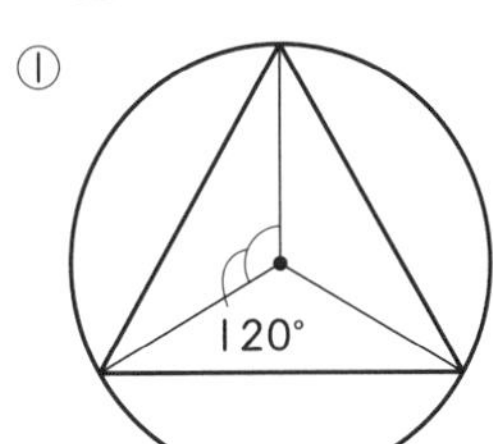

② 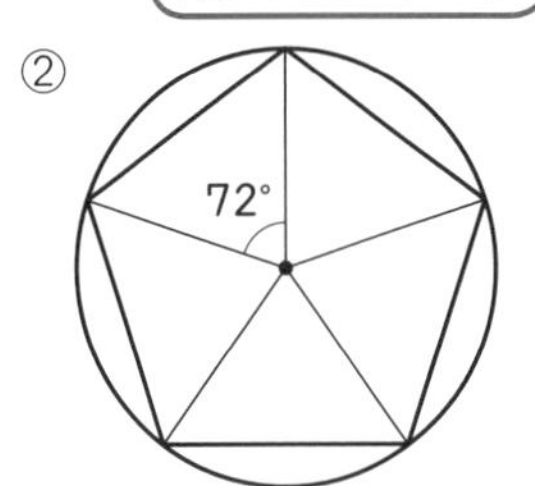

覚えよう　正多角形

ポイント

② 円の中心のまわりの角は 360°だから，5 等分したときの大きさは，360° ÷5=72° です。分度器を使って，円の中心のまわりを 72°ずつ，半径で区切ります。次に，半径のはしを直線で，むすびます。

正多角形と円
82 正多角形

本さつ85ページ

① 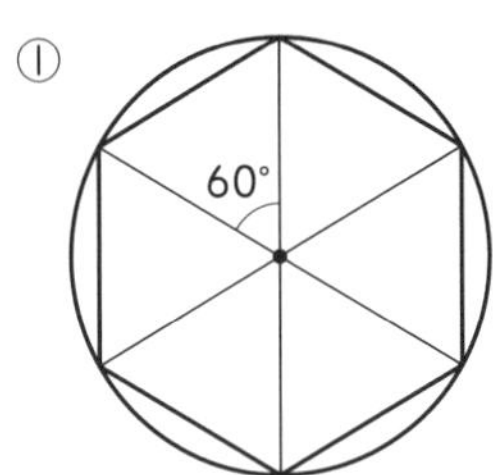

② 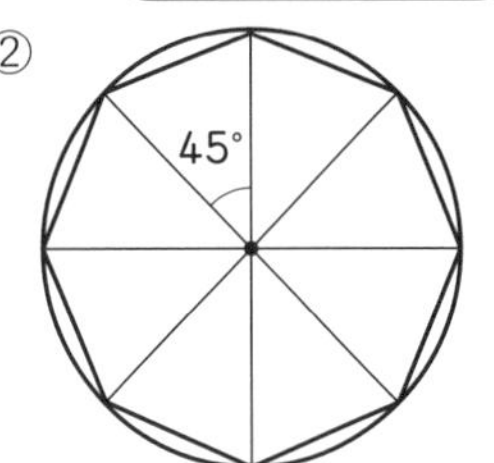

③ 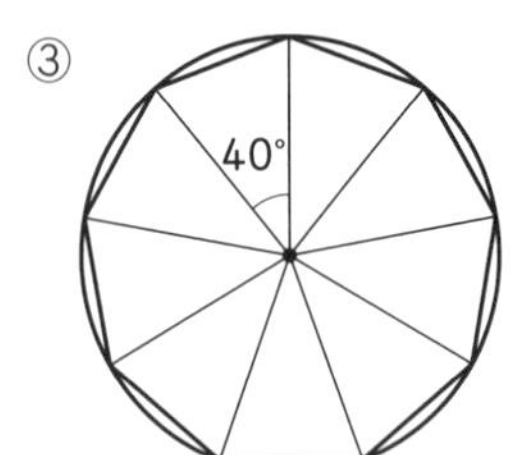

正多角形と円
83 円周と円周率

理解

本さつ86ページ

①（式）　4×3.14=12.56　　答え　12.56

②（式）　12×3.14=37.68　　答え　37.68

③（式）　5×2×3.14=31.4　　答え　31.4

④（式）　18.84÷3.14=6　　答え　6

覚えよう　直径，円周率（えんしゅうりつ）（3.14）

ポイント

円周=直径×円周率の式にあてはめて計算します。

③半径はすぐに公式にあてはめられません。
直径=半径×2　だから，
5×2×3.14=31.4(cm)

④直径の長さは，円周の長さを円周率でわればよいから，直径=円周÷円周率を使います。

正多角形と円
84 円周と円周率

練習

本さつ87ページ

①（式）　5×3.14=15.7　　答え　15.7

②（式）　16×3.14=50.24　　答え　50.24

③（式）　7×2×3.14=43.96　　答え　43.96

④（式）　10×2×3.14=62.8　　答え　62.8

⑤（式）　40.82÷3.14=13　　答え　13

正多角形と円のまとめ
85 ぬりえゲーム

本さつ88ページ

86 角柱と円柱

角柱と円柱

▶▶▶ 本さつ89ページ

①三角柱　②五角柱　③四角柱　④円柱
⑤六角柱　⑥円柱

 角柱，円柱

ポイント

角柱では，２つの底面は合同な多角形で，平行になっています。また，側面は長方形です。底面が三角形，四角形，五角形，六角形の角柱をそれぞれ三角柱，四角柱，五角柱，六角柱といいます。

87 角柱と円柱

角柱と円柱

▶▶▶ 本さつ90ページ

①三角柱　②円柱　③五角柱　④四角柱
⑤六角柱　⑥円柱　⑦三角柱　⑧五角柱

ポイント

角柱は底面の形で区別します。
⑦，⑧図の下側にある面は底面ではなく，角柱を横においたものです。角柱の底面は平行で合同であることに目をつけましょう。
⑦は三角柱を横にしたもので，⑧は五角柱を横にしたものです。

88 見取図

角柱と円柱

▶▶▶ 本さつ91ページ

1
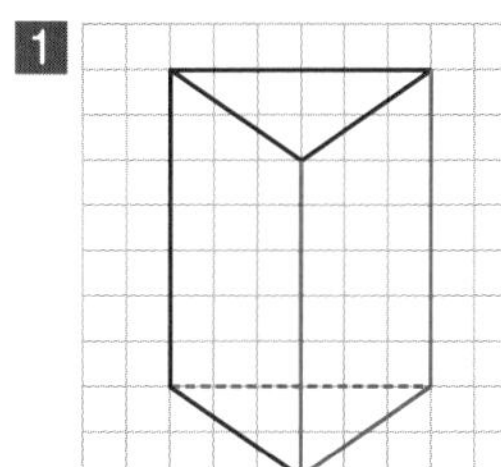

2
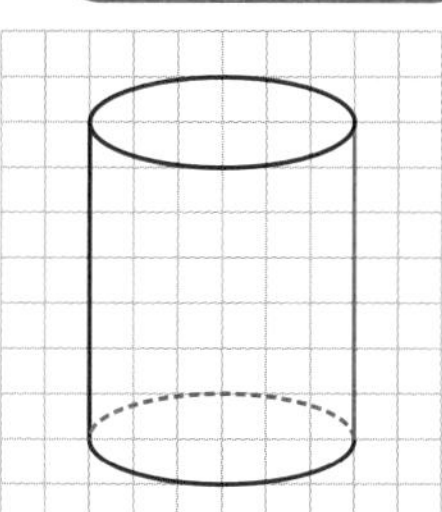

ポイント

1平行な辺は，平行で等しい長さにかきます。また，見える辺と見えない辺を区別します。見えない辺は点線でかきます。
2円柱の２つの底面は平行な面になっているので，下の底面は上の底面と同じ形，大きさにかきます。見えない線は点線でかきましょう。

89 見取図

角柱と円柱

▶▶▶ 本さつ92ページ

1
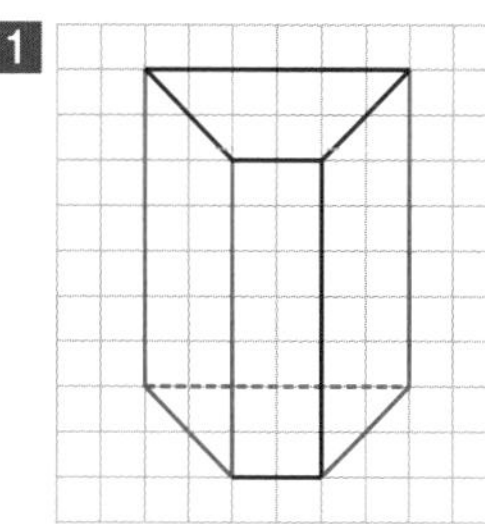

2
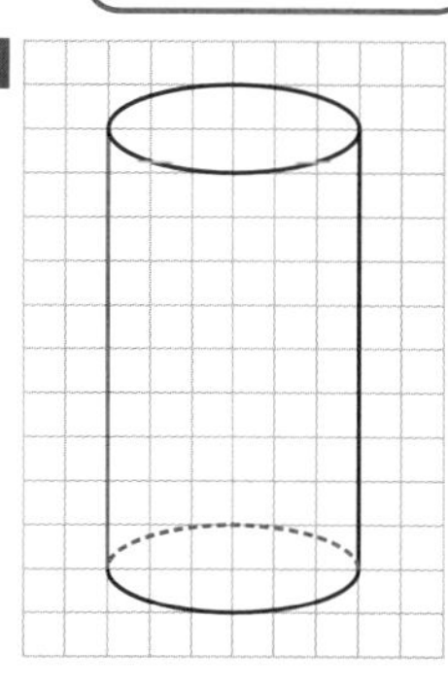

ポイント

1上の底面の四角形の辺に平行で等しい長さの辺をかき，下の底面とします。側面は長方形で，それぞれの辺は平行になり，長さが等しくなります。

90 展開図

角柱と円柱

▶▶▶ 本さつ93ページ

1（例）

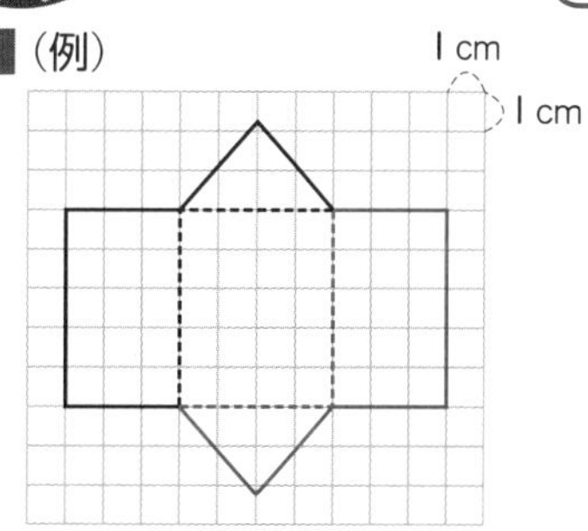

2（例）

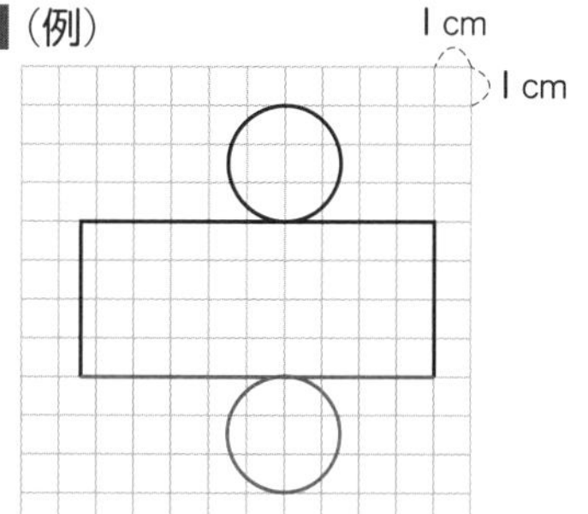

ポイント

1三角柱の側面の展開図は，まとめて１つの長方形にかくことができます。たて 5 cm，横(3＋4＋3)cm の長方形になります。

2円柱の側面の展開図は長方形になり，たては円柱の高さ，横は底面の円周の長さと同じです。

円柱の側面の展開図の長方形の横の長さを，底面の円の直径と同じにしたり，高さと同じにしたりしないようにしましょう。

91 角柱と円柱 展開図 練習

本さつ94ページ

1 (例)

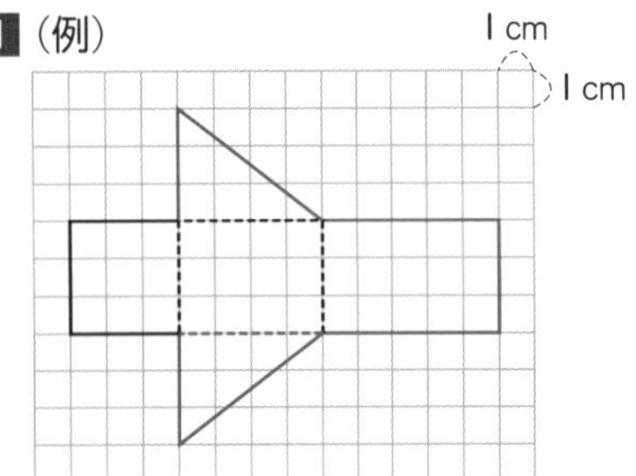

2 (例)

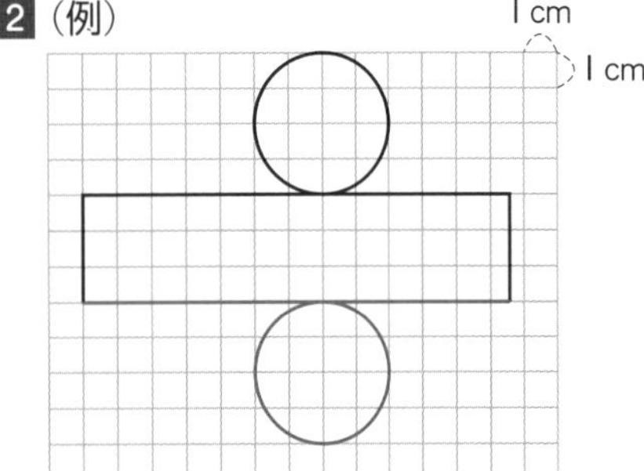

ポイント

2側面の展開図は，たて 3 cm，横(4×3.14)cm の長方形になります。

92 数量の関係を表す式 数量の関係を表す式

本さつ95ページ

① ○×4　② 120－○　③ ○＋4

ポイント

数量の関係をことばの式に表して，その式に数や記号をあてはめます。
① 正方形のまわりの長さ＝1 辺の長さ×辺の数
② 残りの長さ＝はじめの長さ－使った長さ
③ お姉さんの年れい
　＝ひろしさんの年れい＋年れいのちがい

ここが ニガテ

ことばの式を，○や△の記号，数を使った式になおすとき，まちがえやすいので注意しましょう。

93 数量の関係を表す式 数量の関係を表す式

本さつ96ページ

① 6×○　② 2000－60×○

③ 300×○＋80

ポイント

① 平行四辺形の面積＝底辺×高さ
② 残りのお金＝持っていたお金－りんごの代金
　りんごの代金は，60×○(円)と表せます。
③ 全体の代金＝ケーキの代金＋箱代
　ケーキの代金は，300×○(円)と表せます。